W0252894

Ich jagte Menschenfresser

Werner Fend

Ich jagte Menschenfresser

Abenteuer mit Menschen, Tieren und Dämonen

Delphin Verlag

Mein Dank gilt meiner Frau Renate, die nicht nur das Manuskript getippt, sondern auch die Stapel meiner Tagebuchaufzeichnungen durchgearbeitet hat.

Außerdem ist es mir ein besonderes Bedürfnis, meinem Freund Peter Schmidsberger für seine wertvolle Mitarbeit und dramaturgische Beratung in all den Jahren zu danken.

©1983, Delphin Verlag GmbH,
München und Zürich
Alle Rechte vorbehalten
Schutzumschlag: Christa Manner, München
Satz: Fotosatz Gaul, Saulgau
Druck und Bindung: Welsermühl, Wels
Printed in Austria
ISBN 3.7735.5165.7

Für Renate und Michael

ERLÄUTERUNGEN ZU DEN FARBTAFELN

TAFEL 1: Der Autor und sein Elefantenboy unterwegs auf Ratna Mala im Dschungel von Assam.

TAFEL 2: *Oben:* Der Wind hat gedreht – die wilden Elefanten können jederzeit angreifen. *Unten:* Trotz ihres gefährlichen Berufes lachen die Elefanten-Fänger viel und gerne.

TAFEL 3: Das schwere Lasso in der Linken – die wilde Herde in der Nähe – das Spiel mit dem Tod kann beginnen.

TAFEL 4: *Oben:* Ein etwa Sechsjähriger ist gefangen. Die Schlinge muß fixiert werden – ein »Zirkusakt« mitten im Dschungel. *Unten:* Die ganz Kleinen aus einer Herde herauszufangen käme einem Selbstmord gleich – ihre Mütter kämpfen bis zum Letzten.

TAFEL 5: Ratna Mala begräbt den Elefanten, der an gebrochenem Herzen starb.

TAFEL 6: *Oben:* Zwei gefangene Jungtiere bei den ersten Versuchen, sie an Menschen zu gewöhnen. *Unten:* Nachttraining – auch vor Feuer soll er keine Angst mehr haben.

TAFEL 7: *Oben:* Elefantenmarkt in Sitamari. *Unten:* Bis zu hundert Elefanten nehmen am religiösen Fest »Arata Puram« in Kerala teil.

TAFEL 8: Noch hört man ihr Trompeten in den Dschungeln Indiens – aber wie lange noch.

TAFEL 9: Tiger auf »gleicher Ebene« zu filmen war mein großes Ziel – schließlich gelang es mir.

TAFEL 10: *Oben:* Asiatische Löwen an einem Riß. *Unten:* Eine Löwin im Girforst – der Heimat der letzten etwa 200 asiatischen Löwen.

TAFEL 11: *Oben:* Eine Tigerfamilie bei Nacht am gerissenen Wasserbüffel. *Unten:* Der Tiger ist die einzige Katze, die das Wasser liebt.

TAFEL 12: *Oben:* Spurensicherung vom menschenfressenden Tiger von Chandrapur durch Gipsabdrücke. *Unten:* Der Menschenfresser von Abutschmar.

TAFEL 13: *Oben:* »La Chandrapura« schlug das letzte Mal zu. Hier begann meine Jagd mit dem Narkosegewehr. *Unten:* Jagen und Filmen gleichzeitig war manchmal sehr beschwerlich – besonders im Gebiet des Menschenfressers.

TAFEL 14: Ganz in der Nähe dieses Fischers am Brahmaputra schlug die Tigerin zu.

TAFEL 15: *Oben:* Der Menschenfresser hinter Gittern im Zoo von Gauhati. *Unten:* Erschüttert stehen Satis Mara und seine Kinder vor dem Tier, das ihre Mutter getötet hat.

TAFEL 16: »La Chandrapura« vor dem Abtransport in den Zoo.

Inhalt

10
Mein Dschungelbuch
15
Bei den waghalsigsten Männern der Welt
Ein kluger Maharadscha, eine schöne Maharani und viel Glück 20
Im Dschungelcamp 22
Lauter Profis und ein Amateur 24
Die erste Begegnung mit einer wilden Herde – lehrreich, aber nicht erfolggekrönt 27
Auf der Suche nach Herden wilder Elefanten 30
Artistische Zirkusnummer mitten im Dschungel 33
Die »Kidnapper« auf der Flucht 35
Der Rüssel ist der empfindlichste Teil des Elefanten 36
39
Die Bullen kommen
Der Bulle mit dem Tick 44
Der Elefant, das unbekannte Wesen 45
Aberglauben und Mythen um den Elefanten 48
Elefanten als Rekruten, Rammböcke und Panzer 49
Elefanten als Arbeitskräfte: stark, klug – und sogar clever 50
Elefanten als Killer 53
Gainsha, der grimmige Eremit 54
Die Tragödie bei den Katscharies 55
Auch zahme Elefanten laufen Amok 58

61
Ein Überfall wie ein Erdbeben
Wie schmust man mit einem Elefanten? 65
Die wilde Jagd der Urgewalten 70
Ein Gedächtnis wie ein Elefant 75
Warum Elefanten Schlagzeilen machen 77
Ein Elefant stirbt an »gebrochenem Herzen« 78
Müssen die sanften Kolosse sterben? 81

85
Überleben im Dschungel
Das Konzert von 1001 Vogelstimme 88
Tote Tiger küßt man nicht 91
Vom Schaudern in der Nacht 93
Nachts, wenn die Kobra kommt 96
Rendezvous in der Schlangengrube 99
Die guten Schlangen mit dem tödlichen Biß 102
Wieviel Kraft hat ein Phython? 104
Familie Fischotter klügelt einen Raubzug aus 107
Weltpremiere:
Ein Rudel, eine Meute und eine Rotte 110
Aus der Dschungelapotheke geplaudert 113

121
Der Mensch ist eine leichte Beute
Eine Familie ausgerottet 124
Tiger nach dem ABC 127
Die Experimente der Zauberlehrlinge 130
Die Meister der Tarnung 132
Löwen im Lande der Tiger 137
Ein makaberes Kräftemessen 141

143
Alle meine Tiger

Als Greenhorn auf Tigerjagd 146
Tiger sind die besseren Jäger 151
Habe ich eine Wanderseele? 154
Tigerjagd mit Elefanten 155
Der mutigste Tiger meines Lebens 157
Wie identifiziert man Tiger? 160
Eine verregnete Pirsch 164
Freud und Leid beim Ansitz 165
Dann wartete ich, ob das Gift mich lähmte . . . 168
Meine langen Nächte im Körbchen 171
Ein Picknick vor der Kamera und eine Bilanz 172
Eine Dynastie von Menschenfressern 178

181
Das Duell

Menschenfresser – gibt's die überhaupt? 184
. . . da schaute sie einem Tiger in die Augen 187
Die Dorfbewohner weigern sich, zur Arbeit zu gehen 189
Wenn der Dschungel verstummt 192
La Chandrapura 194
In der Rolle des Köders 196
»Verhaften Sie diesen Mann!« 200
Der Trick 203
Wie am Fuße eines Vulkans 205

Mein Dschungelbuch

Wer vom Dschungel erzählt, spricht vor allem von seinen Bewohnern. Natürlich könnte ich auch über Vegetation und Klima ausführlich und in allen Einzelheiten berichten. Aber es sind die Tiere, die am eindringlichsten meine Erinnerung geprägt haben. Ganz besonders die menschenfressenden Raubtiere, weil ich jahrelang in direkter Konfrontation mit ihnen gelebt habe.

Nicht, daß ich sie als die schreckerregendsten Kreaturen im Dschungel darstellen möchte; eine aggressive Giftschlange oder gar ein tobender Elefant sind eine ebenso große Gefahr für Leib und Leben, vielleicht sind sie sogar noch unberechenbarer. Aber die Raubkatzen, von denen ich hier berichte, haben dic Eigenschaft, daß sie nicht nur angreifen, weil sie sich gestört oder attackiert fühlen. Sie werden von sich aus aktiv, sie machen auch auf Menschen aus eigenem Antrieb heraus Jagd – und sie sind die besten Jäger der Welt.

Menschenfressende Raubtiere schleichen lautloser als Indianer, sie jagen listiger als die Füchse und sie töten schneller als jeder Scharfrichter. Man hat mich oft gefragt, was mich dazu treibt, ausgerechnet auf menschenfressende Tiger und Panther Jagd zu machen. Ob ich keine ungefährlicheren Möglichkeiten wüßte, meiner Jagdleidenschaft zu frönen.

Bin ich wirklich nichts weiter als ein verrückter Nimrod? Ich habe selbst schon öfter über meine über- und unterschwelligen Motive nachgedacht und kann sie vielleicht am besten im Vergleich mit einer extremen Sportart erklären.

Ein Bergsteiger freut sich und hat ein Erfolgserlebnis, wenn er einen Gipfel bezwungen hat. Das »Gipfelerlebnis« entschädigt ihn für alle Strapazen und Gefahren. Manche Alpinisten versuchen immer weiter an die Grenze ihrer Leistungsfähigkeit zu kommen: ein noch höherer Berg, eine noch schwierigere Route, eine Erstbesteigung ist für sie eine Herausforderung, der sie nicht widerstehen können. Sie sind sich der Gefahr und des Risikos bewußt, einmal abzustürzen oder nicht mehr zurückzukommen, aber ihr Motiv ist keineswegs eine uneingestandene Todessehnsucht. Sie tun es, weil sie glauben, es schaffen zu können.

Auch ich bin mir bewußt, daß die Menschenfresserjagd ein lebensgefährliches Abenteuer ist und habe genug Erfahrung, um zu wissen, auf wie viele Arten man im Dschungel umkommen kann. Sollte ich es eines Tages wider Erwarten nicht schaffen, heil zurückzukommen, akzeptiere ich das – aber ich möchte den Ausdruck »wider Erwarten« hervorheben, denn eigentlich bin ich überzeugt, daß ich dieses Risiko eingehen kann.

Mit der Möglichkeit eines plötzlichen Todes muß man auch rechnen, wenn man sich in ein Auto setzt oder ein Flugzeug besteigt. Im Zweifelsfall würde ich es aber doch vorziehen, auf einer Jagd ins Gras zu beißen, als in einem brennenden Wrack zu enden. Ich glaube auch vor jeder Expedition, daß ich es schaffen und heil davonkommen werde. Ich meine es in jenem positiv fatalistischen Sinn, daß meine Zeit noch nicht abgelaufen sei, wie es mein einheimischer Begleiter einst formulierte, als mir ein gejagtes Raubtier entkommen war: »Ist in Ordnung, Sahib. Seine Zeit ist noch nicht abgelaufen!«

Ein berühmter Bergsteiger ist einmal gefragt worden, warum denn ein Achttausender für ihn solch eine Herausforderung sei. Er hat geantwortet: »Weil es ihn gibt!«

Dies trifft recht gut auch das etwas irrationale Verhältnis, das ich zu den menschenfressenden Raubtieren habe. Man könnte natürlich differenzieren, daß mit der Besteigung eines Achttausenders eigentlich niemandem gedient ist, das Erlegen eines Menschenfressers aber eine Wohltat für die dortige Bevölkerung bedeutet – und man hat mir diese Motivation auch schon öfter unterstellt.

Ich scheue mich aber, dieser Fährte zu folgen, sie hat für meine Person einen zu heroischen Beigeschmack. Es gibt auf der ganzen Welt Menschen in Not und es gibt andere und sicher auch effektivere Möglichkeiten, der Menschheit zu helfen, als mit einer Tigerbüchse in der Hand. Gewiß, es hat mich beeindruckt, die Erleichterung der Menschen zu sehen, wenn sie »die Pranke des Schicksals« erlegt und unschädlich gemacht vor sich liegen sahen. Ich habe aber die Erwartung, die in den Augen der verängstigten Menschen stand, mit einem Unbehagen registriert: Sie erhofften sich von dem fremden Jäger wahre Wunder, die ich vielleicht gar nicht vollbringen konnte; und ich war verlegen über die überschwengliche Dankbarkeit und Verehrung, die sie mir entgegenbrachten, wenn die Expedition gelungen war. Das ist sicherlich eine Befriedigung und Rechtfertigung für das waghalsige Unternehmen. Aber es wäre zu vordergründig, mich als einen Mann zu sehen wie weiland den Ritter Georg, der mit dem Drachen focht, um eine unschuldige Jungfrau zu befreien.

Das wird auch nicht das Motiv sein, falls ich dergleichen je wieder einmal unternehmen sollte. Was mich reizt und magisch anzieht, es immer wieder zu wagen, ist das Kribbeln, die Spannung, das Bewußtsein der Gefahr, der bis zum letzten Augenblick mit Umsicht und Raffinesse begegnet werden muß – sicher auch das Risiko auf Leben und Tod.

Dabei liebe ich das Leben sehr. Das muß aber kein Widerspruch sein: Fast alle Menschen, die sich auf abenteuerliche Unternehmungen außerhalb der Norm einlassen, sind keineswegs potentielle Selbstmörder oder Menschen mit latentem Hang zur Selbstzerstörung. Im Gegenteil: Ich bin sicher, daß man sein Leben niemals schöner finden und intensiver genießen kann, als wenn man es nach solch einer Herausforderung wieder neu geschenkt bekommmen hat.

So werden Sie denn in meinem Dschungelbuch keine trefflichen Schilderungen von Affen und Vögeln finden, kaum einen Bericht, der einem Zoologen oder Biologen das Herz im Leibe höher schlagen läßt. Mein Dschungelbuch ist ein Buch über meine Jagden mit Büchse und Kamera, und es soll auch einiges ergänzen, was ich in meinen Filmen nicht einfangen konnte.

Ich habe bisher mehr als ein Dutzend Filme gedreht, die im Zweiten Deutschen Fernsehen und vielen Ländern der Welt ausgestrahlt wurden. Es waren bessere und weniger gute darunter, wie das eben so ist; nicht jedes Projekt wird zu einem Meisterwerk. In manchen Fällen sind mir aber sogar Aufnahmen gelungen, die vorher noch nie gedreht worden sind. So hat man lange behauptet, daß es unmöglich wäre, Tiger frei im Dschungel vom Boden aus zu filmen.

Aber meine Freude an dieser Ausbeute hält sich die Waage mit dem Grimm, der mich jedes Mal erfaßt hat, wenn ich Zeuge einer eindrucksvollen Szene geworden bin und die Kamera nicht dabei hatte. Aber es ist im Dschungel unmöglich, immer mit dem Auge hinter dem Objektiv durch die Gegend zu stolpern. Zuviel Vorarbeit ist vonnöten, für die man die Hände und den Rücken frei haben muß. Ich habe an einigen Stellen angedeutet, wie sehr ich solche Leerläufe bereut, bedauert und verflucht habe. Aber wem ist es nicht so ergangen, der sich mit Dokumentarfilmen herumgeschlagen hat?

Richtiggehenden Kummer hat es mir vor allem dann gemacht, wenn ich Szenen versäumt habe, die im wahren Sinne des Wortes unwiederbringlich sind. Denn ich bin nicht davon überzeugt, daß all die Tiere, mit denen ich es in den Dschungeln Südostasiens zu tun hatte, noch lange in freier Wildbahn zu beobachten sein werden.

Auch davon handelt mein Dschungelbuch. Es erzählt von den Elefantenfängern, die ein tollkühnes Handwerk ausüben, und von ihren Gegnern, den stoßzahntragenden Bullen, die wie vielleicht kein anderes Tier Indiens mit Vorsicht genossen werden müssen. Und das will bei der Auswahl, die man dort auf diesem Gebiet hat, wirklich etwas heißen.

Und es erzählt von dem vielen, zum Teil tödlich giftigen Kriech- und Kletterzeug, das man nie außer Acht lassen darf, nicht am Tag und erst recht nicht in der Nacht. Nicht einmal dann, wenn man mit einer lebensgefährlichen Situation konfrontiert ist, die einen bereits voll und ganz in Anspruch nimmt. Mit einem Wort, es erzählt vom Überleben im Dschungel, in der Wildnis, von einer Welt, die so ganz anders ist als die unsere. Doch so häuslich wir es uns auch eingerichtet haben in unseren hygienischen Wohnungen und vollklimatisierten Büros – so manches Mal, wenn ich zurückgekommen bin, nach aufregenden, gefährlichen und unkomfortablen Monaten, in die geleckte Zivilisation, hat mich die Frage beschäftigt, wo denn eigentlich das Risiko größer und der Daseinskampf härter ist: in den Dschungeln Indiens oder in dem der europäischen Großstädte . . .

Vielleicht ist auch das ein Schlüssel für meine abenteuerlichen Reisen. Die Sehnsucht nach einer Welt, die immer kleiner wird, ist für viele ja auch das Motiv, sich im Urlaub die unglaublichsten Strapazen zuzumuten. Und sicherlich ist manchmal auch ein bißchen Flucht vor der Zivilisation dabei – zumindest in der Illusion. Wenigstens ein kleines bißchen möchte mein Dschungelbuch dazu einen Beitrag leisten: Ihnen eine Erlebniswelt aufzutun, die Ihnen sonst verschlossen bleibt.

Bei den waghalsigsten Männern der Welt

Ein kluger Maharadscha, eine schöne Maharani und eine Elefantenkuh . . .

Warum man Ungetüme mit dem Lasso fängt . . .

Zirkusakt ohne Netz und doppelten Boden . . .

. . . und dann heißt es: nichts wie weg!

Es liegt mir fern, meine Gefühle für Ratna Mala schamvoll zu verheimlichen. So will ich ohne Scheu und Bemäntelung über unsere Beziehung berichten. Auch wenn ich gleich an dieser Stelle gestehen möchte, daß es sich um das schwergewichtigste weibliche Wesen handelt, dem ich je mein Herz geschenkt habe. Und ich will auch kein Geheimnis daraus machen, daß ich mich in diesem Fall mit einer Matrone eingelassen habe.

Sie war 60 Jahre alt und wog vier Tonnen, was besonders befremdlich erscheinen mag, wenn man weiß, daß Ratna Mala auf deutsch Perlenkettchen heißt. Doch ich bin überzeugt, daß ihr der Besitzer mit diesem Namen den Stempel des Wertvollen aufdrücken wollte.

Und wertvoll, unschätzbar wertvoll war Ratna Mala früher gewesen. Sie galt als der beste Jagdelefant, an den sich Kenner in Nordindien heute noch erinnern können. Für mich stand ihr Wert selbst dann noch außer Frage, als sie ihre besten Tage längst hinter sich hatte. Denn sie hat mir nicht nur einmal das Leben gerettet.

Auch daß mich die waghalsigsten Männer der Welt in ihrer Mitte duldeten, verdankte ich der gewichtigen Elefantendame. Jedes Kind, und natürlich jeder Elefantenfänger in diesem Land kennt sie, sind doch von ihrem Rücken aus Hunderte von Elefanten gefangen worden. Ratna Mala ist bei Lebzeiten schon Legende – und als ich, hoch oben auf ihr thronend, das erste Mal ins Lager der Elefantenfänger kam, nahm man mich gleich gastlich auf. Dort, wo sonst keiner, der nicht ihrer Zunft angehört, und schon gar kein Fremder Aufnahme findet, wurde ich ohne Widerstreben am Lagerfeuer empfangen.

Ratna Mala war ein mächtiges Tier, größer sogar noch als die berühmten Bullen mit den Stoßzähnen. Obwohl weibliche Elefanten im allgemeinen etwas gedrungen sind, war sie mit Abstand der größte Elefant im Lager. Besonders auffällig waren ihre Ohren, die wegen ihres Alters weit überhingen. Je jünger ein Elefant ist, desto aufrechter sind die Oberkanten der Ohren, je älter er wird, desto tiefer fallen sie nach unten.

Außer ihrer mächtigen Gestalt mit den riesigen, weit überhängenden Ohren, fielen einem Betrachter noch die großen Pigmentflecken ins Auge. Dort, wo die Haut fahl geworden war, hatte sie rosa Flecken im Gesicht. Diese »rosa Bäckchen« gaben Ratna Mala ein besonders gutmütiges Aussehen – und dieses Aussehen entsprach ihrem Wesen. Sie war der gutmütigste Elefant, der mir begegnet ist.

Im allgemeinen wird den Elefanten ja Gutmütigkeit als eine Art Charakteristikum zugeschrieben. Bis zu einem gewissen Grad trifft das auch zu. Ich möchte aber jeder Verniedlichung nachdrücklich entgegentreten. Denn die Erfahrung hat mich gelehrt, daß Elefanten die unberechenbarsten, in manchen Situationen sogar die gefährlichsten Tiere des Dschungels sind.

Auch von Angehörigen der Dschungelstämme Indiens habe ich immer wieder hören müssen, daß der Elefant das einzige Tier sei, vor dem sie wirklich Angst haben. Wenn Elefanten angreifen, dann ist Flucht die beste Lösung – denn wilde Elefantenherden sind unberechenbar, ganz besonders dann, wenn sie Jungtiere mit sich führen.

Nach landläufiger Meinung muß man jene Tiere am meisten fürchten, die rohes Fleisch fressen und Blut saufen. Für mich jedoch ist das gefährlichste Tier ein Pflanzenfresser: der Elefant. Ich kenne kein unheimlicheres Gefühl, als den Anblick einer wütenden Herde dieser urtümlichen Tiere, die alles zermalmend, was sich ihr in den Weg stellt, auf einen zukommt. In einem solchen Augenblick denkt keiner mehr an die pummeligen grauen Gesellen, die in den Kinderbüchern so anmutig zu betrachten sind.

Obwohl ich mit zahmen Elefanten fast nur gute Erfahrungen gemacht habe und meinem »Perlenkettchen« Ratna Mala bedenkenlos mein Schicksal anvertraute, hatte ich doch immer ihren ungezähmten Artgenossen gegenüber ein unbehagliches Gefühl, um nicht zu sagen: eine Urangst – was mir vielleicht das Leben gerettet hat: Mancher Europäer, der die Gefährlichkeit dieser Dickhäuter unterschätzte, hat seine Unvorsichtigkeit mit dem Leben gebüßt.

Meine Abenteuer mit den indischen Elefanten und so manch andere hatten eigentlich in einem Büro des ZDF in Mainz begonnen. Ich hatte einem Redakteur, Herrn Alfred Schmitt, den Vorschlag gemacht, in Assam einen Film über Elefanten zu drehen: Assam ist der indische Bundesstaat im Nordosten des Landes, in dem es nicht nur die größten Teeplantagen, sondern auch die meisten wildlebenden Elefanten gibt. Mein Vorschlag fand vorerst weder bei ihm, noch bei seinem Abteilungsleiter, Herrn Mohl, Gegenliebe, denn man hatte gerade einen Film abgenommen, der von Elefanten handelte – noch dazu von indischen. Schließlich klappte es aber doch, immerhin wollte ich über die ungewöhnlichste Elefantenjagd berichten.

Nur in Assam betreibt man das abenteuerliche »Mela Shikar«, die Elefantenjagd mit dem Lasso. Und das hatte man meines Wissens im Film noch niemals dargestellt.

Wie fängt man einen Elefanten?

Das klingt wie eine Scherzfrage. Es ist aber in Indien, Burma und Ceylon – wo man die grauen Riesen liebt und verehrt – ein vieldiskutiertes Problem, weil manche Fangmethoden recht grausam sind.

Warum Elefanten überhaupt gefangen werden müssen, ist leichter zu beantworten: Es geschieht nicht nur, um die Tiere in anderen Erdteilen im Zoo und im Zirkus bestaunen zu lassen, auch nicht allein deshalb, weil man sie in ihrer Heimat als Arbeitstiere braucht, oder ihre Zähne als Tasten für Konzertflügel geschätzt werden. Da der Dschungel, das Lebensgebiet dieser geschützten Tierart, durch Rodung immer kleiner wird, gäbe es bei unbegrenzter Vermehrung gar nicht genug Platz und Nahrung für alle. Wo sie als »Arbeitskräfte« eingesetzt werden, sorgt der Mensch für ihre Ernährung.

Die am meisten verbreitete Fangmethode bedient sich der sogenannten »Stockaden«, das sind stabil eingezäunte Pferche, in die eine ganze Herde wilder Elefanten, oft nach tagelanger Jagd, hineingetrieben wird. Als Reittiere dienen den Jägern dabei gezähmte Elefanten, die man »Kunkis« nennt und die später auch beim Zähmen und Abrichten ihrer Artgenossen mithelfen. Um die Herden in die richtige Bahn, also den Weg zum Pferch zu bringen, brennt man auf beiden Seiten Feuer an, so daß der Herde nur noch der Fluchtweg in den Korral bleibt. Dort werden sie dann zusammengedrängt und gefesselt, bis sie sich beruhigt haben – was oft tagelang dauert, weil die Herde ja zuvor in eine Art Massenhysterie getrieben wurde.

Eine noch grausamere Methode, die allerdings heute verboten ist, besteht im Anlegen von Fallgruben. Sie wurde meist von den Bewohnern der Dschungeldörfer betrieben, die dann eine Art »Kopfgeld« für die gefangenen Tiere bekamen. Sie hoben Gruben von etwa dreieinhalb Meter im Quadrat und ebensolcher Tiefe aus – »Kheddas« genannt – und zwar zweckmäßigerweise auf den ihnen bekannten Trampelpfaden der Herden. Zwar wurden die Gruben zum Schutz gegen Verletzungen der Tiere mit Zweigen ausgepolstert, doch passierte es immer wieder, daß mehrere Tiere hintereinander hineinfielen und das nachstürzende das erste erschlug oder schwer verletzte. Aus diesem Grunde wurde diese »Pit-Methode« genannte Fangart vor etwa 20 Jahren in Assam untersagt, was vor allem vehementen Protesten der Tierschützer zu verdanken ist.

Der Lasso-Fang ist die am wenigsten aufwendige, humanste, aber auch gefährlichste Variante. Die auf Fairness bedachten Engländer respektieren diese Fangart, weil sie auch dem Elefanten eine Chance gibt und sportlichen Charakter hat: »Mela Shikar« erfordert von den Fängern Mut und Geschicklichkeit und es gehört zum Ehrenkodex, daß bei der Fangaktion keine Schußwaffe getragen werden darf. Ein einziger Stamm in Assam, die Katscharies, betreibt diese Methode, bei der eine Gruppe, bestehend aus mehreren Teams, oft wochenlang im Dschungel unterwegs ist.

Ein solches Team besteht aus einem »Fandi« – »Fand« heißt in der Eingeborenensprache Seil oder Lasso – einem »Mahout«, wie der Elefantenführer genannt wird, einem »Kunki«-Elefanten und einem Futterknecht für den Elefanten. Von einem Basislager aus machen die Gruppen dann acht- bis zehntägige Exkursionen in die riesigen Dschungelgebiete, um Elefantenherden aufzuspüren. Geschickte Lassowerfer sind in dieser Region so berühmt und bei den Financiers dieser Expeditionen so gefragt, wie etwa ein erfolgreicher Jockey in England.

Auf einem meiner Indienreisen hatte ich darüber gehört und war davon so fasziniert, daß ich meinen Gesprächspartnern beim ZDF versprach, ihnen einen Elefantenfilm zu bringen, wie sie noch keinen gesehen hätten. Von meinem Enthusiasmus beeindruckt – oder vielleicht auch von meiner Dickköpfigkeit zermürbt – gingen sie dann doch auf meinen Vorschlag ein.

Nun hatte ich zwar den Auftrag – wie ich nun aber tatsächlich diesen sagenhaften Film in die Kamera kriegen sollte, war mir noch unklar.

Ein kluger Maharadscha, eine schöne Maharani und viel Glück

Ich hätte nie gedacht, daß mich ausgerechnet der Besuch einer Diplomatenparty in New Delhi meinem Dschungelziel näher bringen würde. Auf einem Botschaftsempfang lernte ich den Maharadscha von Baroda kennen, einen hochgebildeten und liebenswürdigen Mann, der überdies eine Faible für die dortige österreichische Kolonie hatte. Seiner Vermittlung verdanke ich, daß mich die Maharani von Jaipur zu einem Gespräch über Mela Shikar einlud.

Die Maharani, von der man erzählt, sie sei in ihrer Jugend die schönste Frau Indiens gewesen, dürfte das einzige weibliche Wesen sein, dem es je gelungen ist, das Abenteuer der Lasso-Jagd mitzumachen. Als Prinzessin von Cooch-Behar in der Gegend geboren, in der Mela Shikar betrieben wird, konnte sie, die sich immer für die Natur, den Dschungel und die Jagd interessiert hatte, dieses besondere Privileg ertrotzen.

Meine Begegnung mit dieser faszinierenden Frau fand, vom Maharadscha arrangiert, in dessen Residenz in New Delhi statt und die Augen der immer noch schönen Maharani leuchteten, als sie mir von ihren Erlebnissen auf dieser Mela Shikar erzählte.

Sie schien sie bis in die kleinste Einzelheit in Erinnerung zu haben, als hätte sie gestern erst stattgefunden. Mein Interesse schien sie zu freuen und sie versprach mir, für mich die Kontakte nach Assam herzustellen. So bekam ich »mit den besten Empfehlungen« die Verbindung zu den Initiatoren dieser Expeditionen, was für mich sonst gar nicht so einfach gewesen wäre. Denn mir dämmerte allmählich, daß nicht einmal die Inder in Delhi so recht Bescheid wußten, wie so eine Mela Shikar wirklich aussah.

Meine Kontaktleute in Assam klärten mich auf, daß nicht allzuweit von der Hauptstadt Gauhati eben ein Basislager errichtet wurde. Solche Lager werden im Oktober aufgebaut und sind der Ausgangspunkt für die bis zur Regenzeit im April dauernden Expeditionen. Diese Zeit gedachte ich für meine Film-Safari zu nutzen und bereitete mich termingerecht darauf vor.

Heute muß ich gestehen, daß ich mir damals trotz aller Recherchen und Informationsgespräche nicht im entferntesten über die Gefährlichkeit meines geplanten Unternehmens im klaren war – ich hatte ja bisher nur mit Wissenschaftlern und mit den Financiers gesprochen und beide Gruppen waren selbst nie dabei gewesen.

Eigentlich hätte es mich stutzig machen sollen, daß es kaum Fotos und überhaupt keinen Film über Mela Shikar gab. Das konnte kein Zufall sein, wo doch heutzutage für sensationelle Reportagen Kamera-Teams in die entlegensten Weltgegenden geschickt werden und andererseits neurotische Einzelgänger bedenkenlos ihr Leben riskieren, um in das »Guiness-Buch der Rekorde« zu kommen.

Daß ich auf diese Tatsachen keinen Gedanken verschwendete, kann ich heute kaum mehr so recht verstehen. Anscheinend ist die Jagdleidenschaft – auch wenn, wie bei mir, nur mit der Kamera – eine Manie, die gelegentlich das Denkvermögen trübt. Mit Nachdruck möchte ich freilich versichern, daß Rekordsucht von meiner Seite aus nicht im Spiel war ...

Der einzige wirklich nützliche Rat, den man mir bei meinen Befragungen gab, war die Empfehlung der Maharani, mir für die Expedition einen möglichst erfahrenen Fangelefanten zu suchen. Durch ihre Vermittlung kam ich an Ratna Mala, mein Perlenkettchen, von deren Rücken aus in den vielen Jahren, die sie im Einsatz war, Hunderte Elefanten gefangen worden waren. Obwohl sie schon »in Pension« war, kannte sie bei den Katscharies jedes Kind. Der Respekt, den die Fänger vor der alten Dame hatten, war so groß, daß sie mich mit in Kauf nahmen, denn sie lehnen es sonst strikt ab, Fremde mit ins Lager zu nehmen.

Als ich dann auch noch das Ansinnen stellte, bei ihren waghalsigen Fangaktionen mitzureiten, war einzig Ratna Mala der Grund für ihre Zustimmung: In einer langen Beratung fanden sie, man könne es *ihr*, der verdienten Veteranin, nicht abschlagen, noch einmal eine Jagd mitzumachen. Außerdem hätte sie – nach ihrer Meinung im Unterschied zu mir – soviel Erfahrung und genügend Vernunft, um zu verhindern, daß ich irgendwelchen Unsinn anstellte.

So verdanke ich es einer Maharani und einer Elefantenkuh, daß ich das Abenteuer der Mela Shikar miterleben konnte.

Im Dschungelcamp

Mit meinem Einzug ins Lager begann für mich die interessanteste Zeit, die ich in Indien erlebt habe. Das Camp lag auf einer Dschungellichtung, die von den Lagerelefanten zuvor gerodet worden war, und rundherum standen riesige Urwaldbäume, um die sich meterlange Lianen schlangen. Ich konnte der Versuchung nicht widerstehen, mich daran wie Tarzan durch den

Urwald zu schwingen, und es klappte tatsächlich wie im Film. Die Inder freilich schienen meine mannhafte Tat eher komisch zu finden.

Die Ausrüstung und der Unterhalt einer solchen Fangexpedition sind eine kostspielige Angelegenheit. Die Besitzer der Fangelefanten finanzieren sie; meist sind sie keine Katscharies, sondern reiche Familien, oft Ärzte, Rechtsanwälte oder Unternehmer, die sich diese Tiere halten, wie man sich in unseren Breiten etwa einen Rennstall hält. Es besteht auch ein ziemlich großes finanzielles Risiko, denn die Rentabilität hängt ausschließlich davon ab, wie viele Elefanten gefangen werden und von welcher Qualität sie sind. Die Preise auf den großen Elefantenmärkten in Bihar richten sich nach ganz bestimmten Kriterien:

Am gefragtesten sind kleinere, weibliche Tiere, weil sie gutmütiger und leichter zu erziehen sind als die Bullen. Außerdem legt man Wert darauf, daß sie fünf Nägel an den Vorderfüßen und vier an den Hinterbeinen haben, jede Abweichung verringert den Preis. Die Käufer sind da sehr abergläubisch: Wenn ein Elefant nur 16 Nägel hat, oder weiße Augen, oder ein Weibchen Stoßzähne (was bisweilen vorkommt), gilt er nicht als »glücklicher« Elefant und man möchte nichts mit ihm zu tun haben.

Eine Ausnahme sind da nur die weißen Elefanten, die schon in den Mythen der Hindus und Buddhisten eine besondere Rolle spielen. Man verehrt sie und sie werden niemals für Arbeiten herangezogen. Sie sind, reich geschmückt oder bemalt, eine Zierde bei religiösen Festen und Umzügen.

Ein Kuriosum ist übrigens, daß Elefanten unter 1,60 Meter beim Bahntransport zum Markt einen ermäßigten Tarif haben. Sie fahren sozusagen auf Kinderkarte . . .

Um die Expedition zu einem Erfolg zu machen, bemüht sich der Veranstalter, besonders geschickte und erfahrene Fandis als Lassowerfer zu engagieren. Die besten davon sind in Assam so berühmt wie bei uns Spitzensportler und werden nach Fangergebnis ziemlich gut bezahlt. Es gehört zu ihrer Berufsehre, sich ihre schweren, dicken Wurfseile aus Jute selbst zu drehen. Die Fandis sind, ebenso wie die Mahouts, vom Stamme der Katscharies und Hindus, während die Elefantentrainer, die sich ebenfalls im Lager aufhalten, Moslems sind – diese Arbeitsteilung besteht schon seit Jahrhunderten und geht heute noch nach den alten Regeln vor sich.

Meine Fanggruppe bestand aus fünf Lassowerfern, fünf Mahouts und ebenso vielen Fangelefanten. Diese Tiere sind zwischen 20 und 30 Jahre alt und müssen besonders schnell und geschickt sein. Im Lager bleiben etwa sechs Leute, die das Futter besorgen und die Lagerelefanten, deren Aufgabe es ist, später mit der Dressur der gefangenen Jungelefanten zu beginnen.

Ein ganz besonders wichtiger Mann darf in der Aufzählung nicht vergessen werden: der Koch, der die ganze Gesellschaft zu verpflegen hat – ein Bursche, auf den man völlig angewiesen ist, wenn man monatelang von seiner Kochkunst leben muß, ohne die Möglichkeit, sich davon in einem Restaurant zu erholen. Mit unserem Küchenmeister hatten wir Glück. Ich bin ihm heute noch dankbar für seinen Tee – besonders für die erste Tasse früh am Morgen, die man ganz besonders dringend nötig hat, wenn man sich aus den vom Nachttau völlig nassen Decken schält. Ohne Tee, so habe ich festgestellt, sind die meisten Inder gar nicht funktionsfähig – und auch ich habe mich sehr an ihn gewöhnt.

Lauter Profis und ein Amateur

Die Vorbereitungen zum Abmarsch für so einen acht- bis zehntägigen Ausflug vom Basislager weg gingen unglaublich schnell und routiniert vor sich. Es waren ja, außer mir, nur sehr erfahrene Leute dabei, die jeden Handgriff auswendig konnten.

Der Reiseproviant wurde in dicke Bambusrohre gefüllt, die man mit Laub verschloß. Die Ausrüstungsgegenstände, Kochgeschirre, Seile und dergleichen wurden sehr sorgfältig festgezurrt – ich kam erst später dahinter, wie wichtig das im Notfall ist – und mir wurde geraten, meine Kameras ebenfalls fest an meiner Ratna Mala zu vertäuen.

Bei normalen Ausritten sitzt der Mahout, der Elefantenführer, vorne, zwischen den Ohren des Tieres, der Passagier hinten. Bei den Lassofängern ist es umgekehrt: Da sitzt der Fandi vorne, sein schweres Lasso – etwa drei bis vier Zentimeter im Durchmesser – zusammengerollt und griffbereit vor sich. Der Mahout sitzt hinten. Allerdings sitzt er nicht immer: Wenn das Gelände es erlaubt, steht er auch gerne, was bei stundenlangen Ritten tatsächlich eine Erholung ist.

Ich habe das nach kurzer Zeit, als ich merkte, wie gerädert ich nach solchen Ritten war, auch getan. Ein Elefant ist nämlich nicht, wie man glauben könnte, ein sanft schaukelndes Reisegefährt, sondern von recht unruhiger Gangart. Besonders bei unebenem Gelände muß man beim Sitzen ständig die Bauchmuskeln anspannen, um die Balance zu halten. Nach den mörderischen Muskelkatern der ersten Tage habe ich es den Mahouts nachgemacht und mich derart zum ausgesprochenen »Steher« entwickelt.

Der Mahout, den mir der Besitzer von Ratna Mala mitgegeben hatte, war ein recht merkwürdiger junger Bursche. Er war erst einige Jahre ihr Betreuer und ich hatte manchmal den Eindruck, daß die erfahrene Elefantenkuh, die im Laufe ihres Lebens schon manche Mahouts erlebt hatte, gelegentlich eher ihn betreute.

Anfangs ging er oft recht rüde mit ihr um, bis ich ihm eindringlich klarmachte, daß er auch ohne die Stahlspitze auskommen könnte, mit der man die Tiere durch Stiche hinter das Ohr antreibt. Dennoch schienen sie sich recht gut miteinander zu verstehen und Ratna Mala nahm ihm nichts übel. Es war ein Verhältnis wie das zwischen einer Großmutter und ihrem ungezogenen Enkel.

Daß dieser Eindruck nicht ein Hirngespinst von mir war, möchte ich mit einer Szene belegen, die sich mehrmals abgespielt und mich sehr berührt hat. Wie ich bald feststellen mußte, hatte der Bursche eine große Schwäche für Marihuana und rauchte sich am Abend öfter ordentlich ein. Wenn er dann so richtig »high« war, ging er zu Ratna Mala und schlang seine Arme ganz fest um ihren Rüssel und sie wiegte ihn sanft hin und her, wie ein Kind, das man einschläfern möchte. Da schien von beiden Seiten eine große Zärtlichkeit und Zuneigung im Spiel zu sein.

Welchen Vorteil es hat, wenn auch die Elefanten Profis sind, habe ich auf dieser Expedition hundertfach erlebt. Weniger gut ausgebildete Elefanten reagieren bei riskanten Situationen oft unkontrolliert und panikartig und können die ganze Gruppe in Lebensgefahr bringen. So ein Wundertier wie Ratna Mala aber war, ähnlich wie ihre sehr gut ausgebildeten Kunki-Genossen, eine wirkliche Hilfe für das ganze Unternehmen.

Die Mahouts und Fandis, die sich fünf bis sieben Monate im Dschungel aufhielten, kannten das Gebiet natürlich ausgezeichnet. Doch manchmal fanden die Elefanten, die ja alle ausnahmslos aus dieser Gegend stammten, wo sie noch wild in ihrer Herde gelebt hatten, aus eigenem Antrieb die besseren Wege – was vielleicht wirklich das sagenhaft gute Gedächtnis dieser Tiere bestätigt.

Die Elefantenmänner behaupten übrigens, daß es für die Kunkis immer ein Vergnügen sei, in ihre alte Heimat zurückzukommen und daß sie sich auf diese Ausflüge freuten. So hatte man ja auch der verehrten Ratna Mala dieses Vergnügen nicht verwehren wollen, und dafür sogar mich als Anhängsel mit in Kauf genommen.

Ratna Mala zeigte jeden Tag, was sie gelernt hatte. Es schien ihr ständig bewußt zu sein, daß sich Menschen auf ihrem Rükken befanden, die ihre Höhe überragten und außerdem empfindlicher sind als ein Dickhäuter: Im dichten Dschungelgestrüpp bog sie bei jedem Schritt Äste, Lianen und dornige Zweige beiseite, knickte sie oder riß sie ab, und das so behende, daß sie dabei ihr Tempo beibehielt.

Das eine oder andere Mal stellte ich nicht ohne Schrecken fest, daß sie eine für mich unsichtbar gewesene Bambus-Viper oder eine andere Schlange mit ihrem Rüssel von einem Ast beiseite schleuderte – es war geradezu unheimlich, wie vorsorglich dieses Tier alle Gefahren und Hindernisse für uns aus dem Weg räumte. Ich war täglich dankbar dafür, daß diese großen, klugen Tiere anscheinend uns Menschen gegenüber einen gewissen Beschützerinstinkt entwickeln können.

Die erste Begegnung mit einer wilden Herde – lehrreich, aber nicht erfolggekrönt

Eines Vormittags um zehn machten wir mitten in einer kleinen Lichtung zwischen Salharzbäumen eine Pause. Da hörten wir durch das Gezwitscher Tausender Vogelstimmen – um diese Tageszeit konzertieren sie alle aus Leibeskräften – einen winzigkleinen Trompetenstoß, kaum wahrnehmbar durch die Geräuschkulisse des Vogelorchesters. Dieser Ton konnte nur von einem Jungelefanten kommen.

Ganz sachte und leise bewegten wir uns in die Richtung, aus der die Elefantenstimme gekommen war – ich bildete vereinbarungsgemäß das Schlußlicht der Kolonne, denn die Fandis mit ihren Lassos mußten selbstverständlich näher an den Ort des Geschehens heran als ich mit meiner Kamera.

Wir durchquerten die Salharzwaldung und kamen in ein Gelände mit riesigen Bambusbüschen – eine Dschungelpflanze, in der man sich sehr vorsichtig bewegen muß, wie man mich aufgeklärt hatte: Die messerscharfen Spitzen der abgebrochenen Rohre können gefährliche Verletzungen hervorrufen. Immer noch konnten wir von der Herde nichts sehen, obwohl uns vereinzelte Geräusche bestätigten, daß wir die richtige Richtung eingeschlagen hatten.

Nach vielen dornigen Rattanstauden (das Rohr dieser Sträucher wird für Bugholzmöbel verwendet) öffnete sich der Dschungel plötzlich zu einer Savanne. Das Grasmeer dort war aber so hoch, daß man die Elefantenherde nicht ausmachen konnte – nicht einmal vom Hochsitz unserer Elefantenrücken. Wir verharrten ganz still am Rande der Lichtung, bis wir nach einer Weile ziemlich nahe wieder das dünne Elefantenstimmchen hörten, das nur von einem Jungtier kommen konnte.

Nun begannen die Katscharies sehr aufmerksam die Umgebung zu prüfen – und das ist in diesem Fall pures Überlebenstraining: Innerhalb einer Herde mit Jungtieren, die aus etwa zehn bis fünfzehn Tieren besteht und von einer Leitkuh geführt wird, halten sich normalerweise keine erwachsenen Bullen auf. Da sind nur die Mütter, außerdem die sogenannten Tanten, also Kühe, die in diesem Jahr keine Jungen bekommen haben und Jungtiere mit höchstens halbwüchsigen Jungbullen, die noch unerfahren und nicht sehr gefährlich sind. Die großen Bullen treiben sich aber in der Nähe der Herde herum und greifen oft ganz überraschend aus einer unerwarteten Richtung an, wenn sie den Eindruck haben, daß ihre Herde in Gefahr ist. Die meisten Verletzungen und Todesfälle passieren eben dann, wenn sich die Fangmannschaft auf eine Herde konzentriert und ihr ein rasender Bulle in den Rücken fällt.

Unsere kleine Karawane pirschte also vorsichtig und wachsam durch das hohe Gras, auf die immer noch nicht sichtbare Herde zu. Interessanterweise gibt es dennoch eine Orientierungshilfe in dieser Situation: die Rüssel der Kunki-Elefanten kann man als verläßliche Entfernungsmesser betrachten. Wenn sie nämlich die Witterung einer weit entfernten wilden Herde aufnehmen, strecken sie die Rüssel hoch in die Luft; je näher sie jedoch der Herde kommen, um so mehr senkt sich der Rüssel zur Erde. –

Plötzlich entstand Bewegung bei den Fangelefanten vor mir, die Mahouts standen auf, die Fandis schwangen ihre Lassos – ein Höllenlärm brach los. Ich hätte mir das darauffolgende Inferno niemals so vorstellen können, wenn ich nicht selbst mit dabei gewesen wäre.

Wegen der schlechten Sicht verfehlten die Lassowerfer ihr Ziel, die Jungtiere. Nicht nur diese, sondern auch die Muttertiere schrien in durchdringenden Trompetentönen, ein Getöse von enervierendem Geschrei, Gezeter und Grollen. Es vermittelte solch ein hautnahes Gefühl von Gefahr, eine Weltuntergangsstimmung, die eine Jugenderinnerung in mir wachrief: den Lärm von Sturzkampffliegern mit gleichzeitigem Sirenengeheul, wie ich es im Krieg erlebt hatte.

Gewiß ist ein Bombenangriff gefährlicher als solch eine Begegnung mit einer Elefantenherde, die sofort nach unserem Überfall in Richtung Dschungel davongeprescht war. Doch diese infernalischen Urtöne übten nicht nur auf mich eine arge Schockwirkung aus: Auch unsere Fangelefanten waren in verschiedene Richtungen auseinandergestoben und die ganze Mannschaft wirkte verstört, auch wenn das ganze Drama nur ein paar Minuten gedauert hatte und eine Konfrontation mit einem Bullen viel gefährlicher gewesen wäre.

Nur einen solchen Fall hatte man mir schon deutlich zu verstehen gegeben, daß sich da keiner um mich kümmern könne und ich mich nur auf meine Ratna Mala und meinen Mahout verlassen könne: In so einer Situation sei sich jeder selbst der Nächste.

Bei dem eben geschilderten Abenteuer hatte sich mein Mahout erstaunlich kaltblütig verhalten und sogar versucht, mich mit meiner Kamera näher an die Herde heranzubringen, doch war wegen des hohen Grases auch die fotografische Ausbeute dieses Abenteuers gleich Null.

Allerdings war ich um einige Erfahrungen reicher: Bei solch einer Fangjagd handelt es sich um keinen Sonntagsspaziergang. Vor allem aber hatte es sich gezeigt, daß auch die wohldressierten Fangelefanten in dramatischen Augenblicken ihr Training vergessen und panikartig reagieren. Meine Ratna Mala hatte zwar die Ruhe bewahrt, doch war sie auch, um gerecht zu sein, nicht so nah am Zentrum des Geschehens gewesen. Da hatten wir beide Glück gehabt.

So beschloß ich, für alle Fälle meine Kamera besser zu sichern, damit sie im Falle einer Flucht nicht kaputtgehen konnte. Immerhin hatte ich den Leuten vom ZDF einen einmaligen Film versprochen. Um das einmalige Sujet machte ich mir zwar keine Sorgen mehr. Dafür hegte ich eher Zweifel, ob die Kamera und ich ohne Schaden nach Hause kommen würden.

Eine von den vielen falschen Vorstellungen, die ich als Begleiter dieser Mela Shikar über Bord werfen mußte, war die, daß man bei jedem Ausflug gleich über eine wilde Elefantenherde stolpern würde.

Man trifft oft tagelang überhaupt keine, oder man kommt nicht nah genug an sie heran. Manche dieser Achttage-Expeditionen verlaufen auch völlig ergebnislos. Nach der Rückkehr ins Basis-Camp ist für alle Beteiligten, besonders aber für die Kunki-Elefanten eine mindestens ebensolange Erholungspause nötig, vor allem, um sie wieder aufzufüttern. Elefanten in der freien Wildbahn pflegen sich nämlich etwa 18 Stunden am Tag der Nahrungsaufnahme zu widmen; so lange dauert es, bis diese vegetarischen Kolosse ihre 400 Kilo Grünfutter abgerupft haben, die sie normalerweise täglich brauchen. Bei den Jagdsafaris, bei denen sie täglich stundenlang marschieren müssen, bekommen sie nur einen Bruchteil ihres täglichen Bedarfs, obwohl dieser auf Grund der größeren Strapazen noch höher als gewöhnlich ist.

So werden also die Kunkis in den Ruhepausen – nach ihren Begriffen – lukullisch verwöhnt, um für die nächste Expedition wieder fit zu sein. Zu diesem Zweck schleppen die »Grass-Cutter«, ihre Futterknechte, Unmengen von Grünzeug heran, nicht ohne dabei ständig, aber auf gutmütige Art, über die fürchterliche Verfressenheit ihrer Schützlinge zu schimpfen und zu murren. Tatsächlich bemühen sich aber alle, den geliebten Viechern sogar besondere Leckerbissen zu besorgen, denn Elefanten sind Feinschmecker die, wie Menschen auch, nicht jedes Gericht gleichermaßen schätzen.

Deshalb bekommen die Kunkis nach ihrer Rückkehr zusätzlich zu einem speziellen mehlartigen Kraftfutter, das man für sie zu großen Brotfladen formt und bäckt, nicht etwa das Gras aus der näheren Umgebung, sondern die von ihnen besonders geliebten Bananenstauden. Um diese Delikatesse heranzuschaffen, müssen die Betreuer mit den Lagerelefanten zu den oft zwei bis drei Stundenritten entfernten kleinen Dörfern pilgern, wo sie jede Menge von Bananenstauden abschneiden können, weil diese nach der Ernte ohnehin gerodet werden müssen.

Der Stamm einer Bananenstaude ist bis zu einem halben Meter stark. Die Elefanten lieben die saftigen Blätter und die Betreuer lieben ihre Elefanten, so daß sie trotz ebenso saftiger Flüche über die »verdammten Fresser« diese Mühe auf sich nehmen und die Stauden sogar noch mundgerecht zugeschnitten servieren.

An solchen Details habe ich immer wieder bemerkt, daß es doch eine besondere Beziehung zwischen diesen Menschen und ihren Elefanten gibt, die sogar über die gute Behandlung von »Mitarbeitern« hinausgeht: Zur bloßen Erhaltung der Leistungskraft hätte ja irgendein anderes Grünfutter auch genügt.

Für Mensch und Tier sind diese Pausen im Basislager unverzichtbar, auch wenn die Expedition ohne Fangerfolg verlaufen ist. Daher ist die Erfolgsquote wesentlich geringer, als man sich das als Außenstehender vorstellt. Ein erfahrener Fandi rechnet in der etwa halbjährigen Jagdzeit eine Beute von fünf bis sieben gefangenen Jungtieren als guten Erfolg. Für unsere westlichen Vorstellungen wohl ein mageres Ergebnis.

Es sind sehr viele Faktoren, die den Jagderfolg beeinflussen können. So können die wilden Herden, auch wenn man ihre Route ungefähr kennt, durch ein Geräusch, eine Winddrehung gewarnt werden und so weit Reißaus nehmen, daß man sie so schnell nicht wiederfindet. Die Instinkte dieser Tiere sind ja so verfeinert, daß sie durchaus erkennen können, ob es sich bei der herannahenden Gruppe um eine andere wilde Herde, oder um ein von Menschen geführte Gruppe handelt. Wenn Elefanten nicht soviel Witterung und Überlebenstalent hätten, wären sie bereits mit den Sauriern oder anderen überdimensionalen Tierarten ausgestorben.

Unser Trupp machte, wenn er durch das Dschungeldickicht marschierte, selber sehr viel Krach, der andere Geräusche übertönte. So wurde gelegentlich Halt gemacht, um in den

Dschungel hineinzuhören – sonst hätte das eigene Getrampel die Laute jeder wilden Herde unhörbar gemacht. Erst wenn der ganze Trupp stand, konnte man die typischen Laute der vielleicht in der Nähe befindlichen Wildelefanten hören. Das sind die Trompetenstöße, mit denen die Bullen oder Leitkühe die anderen vor Raubtieren warnen, oder das Schnauben, das die Jungtiere von sich geben, wenn sie miteinander spielen oder balgen.

Wenn wir solche Trompetentöne hörten, vermieden Menschen und Tiere jedes eigene Geräusch. Dann galt es, die Windrichtung festzustellen – und das machen die Inder genauso wie die Segler auf einem heimischen Alpensee, indem sie den Zeigefinger in den Mund stecken und dann in die Luft halten: Wo es kälter ist, da kommt der Wind her.

War die wilde Herde weit entfernt und in der Windrichtung, konnten wir versuchen, sie zu umkreisen und gegen die Windrichtung an sie heranzukommen. Aus kleinerer Distanz hätte das nicht den geringsten Sinn gehabt, weil sie sofort unsere Witterung aufgenommen hätte.

Aber auch wenn die Windrichtung für die Fänger günstig war, hatte eine Attacke keinen Sinn, falls die Herde im dichten Dschungel stand, weil da die Lassowerfer keinen Spielraum gehabt hätten. Weiter am Dschungelrand oder im Grasland ist die Chance viel größer, denn eigenartigerweise alarmiert es die Wildtiere nicht, wenn auf den daherstürmenden Elefanten Menschen sitzen. Diese Tatsache scheint die Theorie zu bestätigen, daß die Elefanten nicht besonders gut sehen – ein alter Streitpunkt unter den Experten.

Daß sie aber ausgezeichnet wittern und hören, steht außer Zweifel; Ein Windhauch, der auch nur einem Tier unsere Witterung zugetragen hätte oder ein urwaldfremdes Geräusch hätte sie sofort alarmiert und in die Flucht geschlagen. Menschliche Stimmen oder auch nur das Klappern eines nicht richtig festgezurrten Kochgeschirrs hat, wie mir die Katscharies erzählten, schon oft eine Herde auf Nimmerwiedersehen vertrieben. Da begriff ich erst einen der Gründe für die pedantische

FARBTAFEL 1

Packprozedur an jedem Morgen. Den zweiten Grund dafür erfuhr ich erst später, als wir auf der Flucht vor einem wütenden Elefantenbullen waren.

Artistische Zirkusnummer mitten im Dschungel

Trotz vieler Erzählungen über den dramatischen Lasso-Akt beim Fang war es für mich ein atemberaubendes Schauspiel, direkt mit dabeizusein. Besonders die unglaubliche Schnelligkeit, die Präzision der Fänger in diesem wilden Durcheinander ließ mich als Zuschauer glauben, man spielte mir einen Film mit viel zu hoher Geschwindigkeit vor.

Unsere Truppe hatte eine kleine Herde – etwa zehn Tiere – gegen den Wind ausgemacht, die unser Anpirschen noch nicht bemerkt hatte. Das Gelände war für die Fänger sehr günstig, denn die wilde Herde graste am Rande einer Lichtung, hinter sich ein ziemlich dichtes Dschungelgehölz. Unsere Gruppe hingegen befand sich noch in Deckung am anderen Rand der Lichtung. Zwischen uns lagen etwa 400 Meter nicht sehr hohes Grasland, gerade richtig, um mit einer schnellen Attacke die wilde Herde in die Enge zu treiben. Daß sie Jungtiere bei sich hatte, hatten die Katscharies ausgemacht, sie waren sich aber nicht einig, wie viele es waren.

Alle vier Fangelefanten starteten gleichzeitig und preschten in einem unglaublichen Tempo durch das Grasland auf die Herde zu, die erst stutzig wurde, als die Kunkis etwa die halbe Distanz zurückgelegt hatten. Mein Mahout lenkte mich mit Ratna Mala erst langsamer hinterher, damit wir den Fängern in dem zu erwartenden Trubel nicht ins Gehege kamen. Ich hoffte, aus einigermaßen sicherer Entfernung mitfilmen zu können und zückte die Kamera. Doch selbst bei Ratna Malas gemäßigtem Tempo war ihre Gangart so unruhig, daß ich auf ihrem Rücken hin- und herrutschte.

Es war völlig unmöglich, die Szene mehr als für Sekundenbruchteile ins Objektiv zu bekommen – ich kann also nur als Augen- und Ohrenzeuge berichten:

Die ersten warnenden Trompetenstöße der wilden Herde erschollen erst, als die Angreifer schon ziemlich nahe waren – der Überraschungseffekt war geglückt. Dann gab es für Minuten nur mehr ein unbeschreibliches Durcheinander von riesigen grauen Leibern, begleitet von einem immer durchdringenderen, markerschütternden Geschrei.

Die Herde wäre sicherlich geflohen, hätte sie nicht hinter sich das dichte Gehölz gehabt. So jedoch war es den vier Kunkis möglich, die Herde einzukreisen.

Ich hätte in dem nun folgenden wüsten Getümmel überhaupt nichts von der Fangaktion zu sehen bekommen, wenn nicht ein Jungelefant, von einem der Kunkis verfolgt, für etwa eine halbe Minute am Rand der tobenden Herde sichtbar geworden wäre – gerade im entscheidenden Augenblick:

Ich sah, wie der Fandi das dicke sechs Kilogramm schwere Seil über den Kopf des Jungelefanten warf. Dieser geriet in Panik, als er das Gewicht in seinem Nacken spürte. Er stieß einen hohen Trompetenschrei aus und versuchte, zu fliehen. Das Lasso um seinen Hals zog sich zusammen.

In dieser Sekunde beugte sich der Fandi, nur mit den Beinen in Zurrseilen seines Kunkis verankert, tief zu dem viel kleineren Jungelefanten hinunter.

Es fixierte in Sekundenschnelle das Fangseil genau an der richtigen Stelle mit einer Schnur, damit es sich nicht weiter zusammenziehen konnte.

Dieses Artistenstück ist nach dem Zielen und Treffen mit dem Lasso der springende Punkt. Nur wenn es gelingt, kann der Fandi mit dem Jungtier weg von der Herde, ohne seine Beute zu strangulieren.

Der Fandi entfernte sich nun mit seinem Fang in aller Eile und wir schlossen uns ihm schleunigst an, denn die ersten der wilden Elefanten waren nun zu dem Entschluß gekommen, seitlich auszubrechen und über das Grasland zu fliehen. Wir versuchten, uns in möglichst entgegengesetzter Richtung von der Lichtung zu entfernen. Zwei weitere Kunkis kamen uns nach, einer mit, einer ohne Fang. Das allererste Gebot nach einem Fang ist nämlich, soweit wie möglich von der wütenden Herde und den meist in der Nähe wachenden Bullen wegzukommen. Nach der ersten Panik beschließt die Herde oft, ihre verlorengegangenen Jungen zu suchen. Die Bullen aber, die hören, daß ihre Herde angegriffen wurde, werden fast in jedem Fall aggressiv: Fast alle Fänger, die verletzt oder getötet worden sind, waren das Opfer tobender Bullen.

Noch fehlte uns aber ein Kunki. Nur einen Augenblick berieten die Katscharies, was zu tun sei, dann beschlossen sie, weiterzureiten, weil die Herde zu nahe war. Sie vermuteten, der fehlende Kamerad sei in eine andere Richtung geflüchtet und würde später zu uns stoßen. Zu unser aller Erleichterung kam er auch eine Stunde später nach – wenn auch mit leerem Lasso.

Die »Kidnapper« auf der Flucht

Ich hatte – um des lieben Filmes willen – die Fangaktion der Jungtiere mitgemacht.

Nun hieß es mitgefangen, mitgehangen. Ich mußte mit den anderen in Richtung Lager fliehen, einen Tag, eine Nacht und fast noch einen Tag, ohne Rast, ohne auch nur einmal Tee oder Essen zu kochen.

Dieser Gewaltmarsch war für mich sehr anstrengend, aber es blieb mir keine andere Wahl, als die Strapazen auf mich zu nehmen. Denn einerseits saß mir die Angst vor der wütenden trompetenden Herde im Nacken – ein Drohgeschrei, das einem das Blut in den Adern stocken ließ – andererseits hatte ich unvergleichliche Filmaufnahmen gemacht, wie man sie eben niemals von einem Logenplatz aus machen könnte.

Die Stimmung auf so einem Nonstopritt nach dem Fang ist nervös und angespannt. Es wird kaum ein Wort gesprochen, alles wird dem Ziel untergeordnet, möglichst schnell das Basislager zu erreichen, um die Jungtiere in ein Gehege zu bekommen.

Mir scheint, daß den Katscharies sehr wohl bewußt ist, was

für eine Tragödie der Fang der Jungtiere für eine wilde Herde ist. Andererseits handeln sie durchaus nach dem Dschungelgesetz: Wenn sie stärker, geschickter und vorsichtiger sind, bleiben sie Sieger. Beim geringsten Fehler steht ihr Leben auf dem Spiel.

Die Notwendigkeit, Tiere zu fangen, ist seit Jahrhunderten für sie eine Selbstverständlichkeit. Auch heute noch gibt es Bedarf an zahmen Elefanten, wenn er auch viel geringer geworden ist. Da zahme Elefanten sich aber nur ganz selten vermehren, muß man eben immer wieder Nachschub aus dem Dschungel holen.

Der Rüssel ist der empfindlichste Teil des Elefanten

Die Einzigartigkeit des Mela Shikar besteht darin, daß niemand außer den Katscharies je auf die Idee gekommen ist, daß man Elefanten mit einem Lasso einfangen könnte. Auch ich hatte mir die praktische Durchführung selbst nach der Lektüre mancher Beschreibungen in Büchern nicht recht vorstellen können.

Die Katscharies müssen schon vor Jahrhunderten ihre Elefanten recht gut beobachtet und gekannt haben, um diesen Seiltrick zu ersinnen. Er wäre nämlich absolut unmöglich, wenn die Elefanten nicht so große Sorge um ihren Rüssel hätten. Die Inder nennen die Dickhäuter »das Tier mit dem Arm«, weil er den Rüssel so vielseitig verwendet: zum Fressen, zum Trinken, zum Bahnen eines Weges, zum Lasten schleppen, zum Wittern und noch für vieles mehr. Und er ist sein empfindlichster Körperteil, den er bei Gefahr stets schützt. Sieht er einen Feind am Boden, so streckt er den Rüssel steil in die Höhe, kommt ein Angriff von oben, rollt er ihn ein.

Eben diese Beobachtung brachte die Katscharies auf ihre Erfindung: Ein Elefant, der seinen Rüssel gerade ausgestreckt hat, um Gras auszureißen oder etwas von einem Baum zu pflücken, ist natürlich nicht auf ein schweres Seil gefaßt, das ihm buchstäblich auf die Nase fällt. Instinktiv rollt er den Rüssel ein, die um seinen Kopf geworfene Schlinge kann zugezogen werden, weil sie auf diese Weise zwischen Rüssel und Hals fällt.

Diese Schwäche ihres sonst so überlegenen Gegners machen sich die Katscharies zunutze. Und um diese Schwäche nützen zu können, lernt seit Jahrhunderten der Sohn vom Vater, das schwere Seil zu drehen und mit dem Lasso umzugehen.

Den Katscharies wird für immer mein Respekt sicher sein. Sie sind für mich die mit Abstand waghalsigsten Leute, die ich je kennengelernt habe. Jede Fangaktion ist für sie ein lebensgefährliches Risiko. Aber es würde keinem von ihnen einfallen, deswegen etwa den Beruf zu wechseln.

Die Bullen kommen

Das Tier, das ich am meisten fürchte . . .

Der Elefant, das unbekannte Wesen . . .
Mythen und Aberglaube . . .

Arbeitskräfte und Rekruten,
Rammböcke und Killer . . .

Die Story vom grimmigen Eremiten . . .

Auch zahme Elefanten laufen Amok

Wir waren seit Wochen unterwegs. Wieder einmal hatten wir eine Elefantenherde aufgespürt und näherten uns ihr vorsichtig gegen den Wind. Die Jungtiere lärmten bei ihren spielerischen Balgereien und es schien, als ob wir unentdeckt an sie herankommen könnten. Da blitzte es plötzlich vor uns auf.

Es war, als ob zwei Lichter im dämmerigen Dschungel aufgeflammt wären. Während ich noch im Bann der Erscheinung stand, hörte ich den Aufschrei des Fängers auf dem Elefanten, der unsere Gruppe anführte. Dieser Schrei machte mir schlagartig bewußt, was mir da wie Blendwerk erschienen war: Es war das Sonnenlicht reflektierende Elfenbein, Elfenbein von gewaltigen Stoßzähnen, die sich seitlich hin und her bewegten!

Siedendheiß durchfuhr mich die Erkenntnis, was das bedeutete: Ein Elefantenbulle, offensichtlich ein riesiges Tier, wollte uns angreifen. Es ging um das nackte Überleben. Noch bevor ich überhaupt reagieren konnte, war die wilde Jagd los.

Die Elefanten vor uns wendeten mit einer Schnelligkeit, die man diesen anscheinend so plumpen Dickhäutern gar nicht zutraut. Ratna Mala wurde beiseite gedrückt, danach von meinem Mahout gleichfalls herumgeworfen, und wir rasten hinter den anderen her, den Pfad zurück, den wir kurz zuvor in behutsamer Langsamkeit entlanggetrottet waren.

Jeder Elefantenfänger weiß, daß Flucht die einzige Rettung ist, wenn ein Bulle mit schweren Stoßzähnen angreift. Im allgemeinen kann man damit rechnen, daß kein Bulle dabei ist, wenn die Jungtiere von einer erfahrenen Elefantenkuh geführt werden. Aber falls sie Paarungsgelüste haben, halten sie sich in der Nähe der Herde auf.

Auf solch einen Bullen waren wir offenbar gestoßen und jetzt konnten wir nur noch hoffen, mit heiler Haut davonzukommen. Ohne das Aufblitzen der Stoßzähne wären wir geradewegs ins Verderben gegangen, denn der Angriff eines stoßzahntragenden Bullen kann auf keine Weise aufgehalten werden.

Da ich nicht damit beschäftigt war, Ratna Mala zu leiten, konnte ich mich umblicken. Der Elefantenbulle kam in etwa 20 oder 30 Meter Entfernung hinter uns her und er schien aufzuholen. Ich hielt mich krampfhaft an meinem Seil fest, denn wenn ich heruntergefallen wäre, wäre ich dem Bullen direkt vor die Stoßzähne gepurzelt.

Als ich wieder nach vorn sah, erkannte ich, daß die anderen Kunkis schon weit weg waren. Sie waren schneller als Ratna Mala, die ja das weitaus älteste Tier in unserer Gruppe war. Der Bulle, der uns offensichtlich als Opfer ausersehen hatte, kam immer näher.

Mein Mahout hatte klar erkannt, in welcher Gefahr wir waren. Er schrie mir zu, daß ich schießen sollte, denn er wußte, daß ich einen schweren Colt mit mir führte. Ich weiß nicht, ob die Vorschriften das erlaubten, aber die Waffe gab mir ein gewisses Gefühl der Beruhigung. Die Fänger hatte mir geraten, beim Angriff eines Elefanten nicht lange zu überlegen und abzuwarten. Sie meinten, ein Treffer könnte das Tier keinesfalls schwer verletzen, geschweige denn töten. Aber es sei sehr wahrscheinlich, daß es daraufhin abdrehen würde.

Als ich sah, daß der Abstand zwischen uns und dem Bullen immer geringer wurde, zog ich den Colt. Der massige Schädel tauchte schon in bedrohlicher Nähe vor mir auf, als ich den ersten Schuß in die Luft abgab. Der Bulle stutzte kurz, und ich schoß ein zweites und ein drittes Mal. Er wurde langsamer und fiel zurück. Weil es um eine Kurve ging, verlor ich ihn sogar kurz aus den Augen. Doch schon kurz darauf galoppierte er wieder in voller Fahrt hinter uns her.

Ich mußte mich dazu entschließen, gezielt zu schießen. Als ich überlegte, wo ich ihn am besten treffen sollte, und mich mit dem linken Arm am Seil festklammerte, geschah es. Ratna Mala hatte offenbar den Ernst der Situation ebenso erkannt wie der Mahout und ich, vor allem aber die Vergeblichkeit meiner Bemühungen richtig eingeschätzt. Auf jeden Fall entschloß sie sich, selbständig zu handeln.

Was Ratna Mala machte, war ein regelrechtes Kunststück. Ich weiß nicht, ob man es mit ihr trainiert hatte, ob sie es überhaupt schon früher einmal versucht hatte. Aber es muß wohl so gewesen sein, sonst hätte sie es nicht fertiggebracht. Denn was der vier Tonnen schwere Dickhäuter da aufführte, sieht man sonst höchstens bei einem Hasen.

Ratna Mala schlug einen Haken. Ich kann es beim besten Willen nicht anders ausdrücken: der Elefant schlug einen Haken. Seitlich von uns zweigte beinahe im rechten Winkel ein Trampelpfad ab, und in diesen hinein schlug sie ihren Haken, und zwar im vollen Galopp. Ich rutschte seitlich vom Rücken herunter und dachte, jetzt sei alles aus. Mit der linken Hand klammerte ich mich verzweifelt an das Seil, in der rechten hielt ich den Colt. Dann fand ich mit einem meiner Füße Halt in den Stricken, mit denen die Gerätschaften festgezurrt waren. Ich zog mich hoch und lag jetzt quer über Ratna Malas Rücken. Der Bulle war nicht mehr zu sehen.

Der ärgsten Gefahr waren wir entronnen – aber Ratna Mala hatte noch eine Überraschung für mich parat. Sie preschte immer noch mit Höchstgeschwindigkeit dahin – der Mahout hatte sie mit der Stahlspitze angetrieben, was ich ihm aber diesmal verzieh. Langsam legte sich meine Panik und machte der Überlegung Platz, wohin uns wohl dieser in letzter Sekunde eingeschlagene Fluchtweg führen mochte. Was würde geschehen, wenn wir uns mutterseelenallein und ohne Orientierung mitten im Dschungel wiederfanden? Würden wir, ohne die anderen und damit auch ohne Proviant, wieder zum Basislager zurückfinden? Unser Gepäck bestand ja hauptsächlich aus meinen Kameras und der dazugehörigen Ausrüstung! Wie fähig war mein Mahout wirklich? Und finden Elefanten genausogut den heimischen »Stall« wie ein Pferd?

Bevor ich noch weitere Befürchtungen ausbrüten konnte,

waren wir am Ufer eines dieser schleifenreichen Dschungelflüsse angekommen, die um diese Jahreszeit ziemlich viel Wasser führen. Wir überquerten ihn und – siehe da: Eine Flußbiegung weiter oben standen am selben Ufer unsere Expeditionsgefährten – und am anderen Ufer, ihnen gegenüber, der wütende Bulle, der aber offenbar zögerte, ihnen nachzufolgen. Die Mahouts hatten ihre Kunkis umgedreht und standen dem Verfolger nun als Front vis-à-vis, was den cholerischen Bullen anscheinend davon abhielt, sich einer offenen Feldschlacht zu stellen. Wir ritten zu den anderen hinüber und mein Mahout riet mir, noch einmal mit meinem Revolver in Aktion zu treten. Ich schoß eine Salve in die Luft, worauf sich der Bulle unwillig abwandte und in den Dschungel zurücktrottete.

Ich konnte es kaum fassen, wie Ratna Mala es geschafft hatte, uns auf dem rettenden Fluchtweg wieder zu den anderen zu tragen und wußte nicht, ob ich es einem Zufall oder ihren besonderen Fähigkeiten zuschreiben sollte.

Später habe ich erfahren, daß Fangelefanten auf der Flucht vor wilden Elefantenbullen immer auf einen Fluß zusteuern; so verhalten sich auch angeschossene Tiere, die vor ihren Jägern Schutz suchen, ebenso wie Hirsche, die von Tigern oder Wildhunden gejagt werden. Es bedeutet zwar nicht immer die Rettung, doch auf irgendeine Weise scheint ein Fluß Verfolger häufig zum Stillstand zu bringen.

Ratna Mala hatte offenbar wie die anderen Fangelefanten diesen Fluß gekannt und so war unser Zusammentreffen doch nicht ganz unerklärlich.

In einiger Entfernung flußabwärts haben wir später unser Lager aufgeschlagen und unsere Wunden geleckt. Es gab keinen, weder Mahout, noch Lassowerfer, noch mich selbst, der nicht an Gesicht, Händen und Körper Schürf- und Kratzwunden abbekommen hatte.

Bei einer solchen Flucht kann man sich nur einfach möglichst flach auf den Elefantenrücken legen, denn die Kunkis können ja bei diesem Tempo keinesfalls wie sonst alle Hindernisse beseitigen. Ich hatte bei der wilden Jagd außerdem, ohne es zu merken, meine Armbanduhr mit Metallband verloren. Ich verstand nach diesem Abenteuer noch besser, warum die Katscharies jeden Morgen beim Aufbruch jeden Teil der Ausrüstung so sorgfältig festzurrten.

Abends am Lagerfeuer wollten die Inder nicht gern von dem Vorfall sprechen. Erst als ich nicht locker ließ, kam heraus, daß etwa zwei Monate zuvor ein sehr bekannter junger *Phandi* aus einem Nachbarlager bei einem solchen Angriff mitsamt seinem Mahout getötet worden war. Meine Begleiter, die anscheinend die meisten dieser Einzelgänger kannten, sprachen die Vermutung aus, daß der Täter der gleiche Bulle war, der uns verfolgt hatte. Wenn sie auch nicht sicher waren, weil es keine überlebenden Zeugen gab, stellten sich mir beim Gedanken an diese Möglichkeit doch die Nackenhaare auf.

Der Bulle mit dem Tick

Geradezu gegensätzlich verlief die Begegnung mit einem anderen Stoßzahnträger, den wir bei einem unserer Ausritte trafen. Wir erblickten ihn auf einer Lichtung, während wir uns noch, von ihm ungesehen, langsam im Dschungel fortbewegten.

Wir waren nur etwa 30 bis 40 Meter entfernt. Ich machte mich auf eine blitzartige Flucht gefaßt, doch zu meiner großen Überraschung blieben alle ganz gelassen. Ein Lassowerfer zog sein riesiges Buschmesser, das er vor sich am Elefanten festgemacht hatte, aus der hölzernen Scheide. Indem er damit auf die Scheide schlug, vollführte er einen weithin hörbaren Lärm. Ich war entsetzt, weil er damit ja dem Bullen unsere Position verriet. Prompt drehte sich der Elefant auch in unsere Richtung, machte dann aber schnurstracks kehrt und rannte in vollem Tempo davon in den Dschungel, begleitet vom schallenden Gelächter aller Elefantenjäger.

Belustigt auch über meine Verblüffung erklärten sie mir, daß es sich um einen alten Bekannten handelte, der für seine Schüchternheit und Angst vor Menschen verspottet und geneckt wurde. Wieder einmal war ich erstaunt, wie genau die Fänger nicht nur den Dschungel, sondern auch die Bullen kannten. An Details, wie etwa der Größe und Stellung der Stoßzähne oder Ohren, oder an einem lädierten Schwanz, konnten sie die meisten auf den ersten Blick erkennen.

Unsere Kunki-Elefanten, von denen ja einige auch Stoßzahnträger waren, hatten übrigens vor angreifenden Bullen ebenso Angst wie wir Menschen. Es gibt ja im Dschungel, zum Beispiel um die Vorherrschaft in einer Herde, wirklich furchterregende Bullenkämpfe. Diese sind aber nicht, wie bei manchen anderen Tierarten, eher symbolisch gemeint und in ein paar Stunden vorüber: Sie können manchmal bis zu zehn Tage und bis zur völligen Erschöpfung der Kontrahenten andauern. Offenbar hatten die Kunkis aus ihrer eigenen Jugend im Dschungel noch eine Erinnerung an diesen urgewaltigen Zusammenprall.

Der Elefant, das unbekannte Wesen

Obwohl der Elefant bei uns als Symbol Indiens gilt, haben die meisten Inder in ihrem Leben noch keinen gesehen. Er ist in Asien zu einer Rarität geworden – man schätzt, daß es in Indien nicht mehr als 10.000 wild lebende Elefanten gibt (in Afrika dagegen 300.000). Aber auch die Zahmen tummeln sich nicht so häufig, wie man hierzulande denkt: Einen Elefanten zu sehen, ist für einen Durchschnittsinder ebenso sensationell wie für einen Mitteleuropäer.

Über die Lebensweise der Elefanten – besonders der wilden – gibt es ungezählte Behauptungen und Fabeln. Die einheimischen Elefantenkenner erzählen überlieferte Weisheiten, die mit bunten Ammenmärchen durchsetzt sind; die meist englischsprachigen Gelehrten liefern sich wüste Federkriege in Büchern und Fachzeitschriften.

Tatsache ist, daß sich Elefanten in der Gefangenschaft nur selten paaren und vermehren – man sagt, sie ließen sich eben bei ihrem Liebesleben nicht gerne zusehen und hätten das Bedürfnis, ihre Privatsphäre zu wahren. So ist das Elefantenleben von der Geburt bis zum Tod von den menschlichen Forschern noch nicht ganz enträtselt worden.

Als sicher gilt, daß die Elefanten keine regelmäßige Brunftzeit haben. Alle paar Jahre nur gesellen sich eine Elefantenkuh und ein Bulle zusammen und verbringen ein paar Flitterwochen, dann trennen sich die beiden. Der Bulle verläßt manchmal die Herde und die werdende Mutter geht zu ihrer besten Freundin, der späteren »Tante« des Babys, die ihr in der etwa einundzwanzig Monate dauernden Schwangerschaft und auch später noch bei der Aufzucht beisteht.

Man sagt, daß Elefantenkühe mit weiblichen Jungen zwanzig, mit männlichen vierundzwanzig Monate trächtig sind. Trotz dieser langen Tragzeit sind die Elefantenbabys bei der Geburt sehr klein und werden mindestens zwei Jahre – manche bis zu vier Jahre – gesäugt. Bis sie fünf sind, gehen sie der Mutter nicht von den Fersen – selbst dann nicht, wenn schon ein weiteres Baby da sein sollte. Die ganze Herde, besonders aber die »Tanten«, kümmern sich um den Schutz und die Erziehung der Jungen, die liebevoll, aber ziemlich autoritär vor sich geht.

Mit etwa sechzehn beginnen die Elefantenteenager zu flirten, aber kaum je paaren sie sich, bevor sie einundzwanzig sind.

Über das Alter der Elefanten liegen sich die Experten bis zum heutigen Tag in den Haaren. Fest steht, daß sie mit etwa 35 bis 45 am lebhaftesten und stärksten sind, dann gehen die Meinungen weit auseinander: Manche behaupten, wilde Elefanten könnten ein Alter bis zu 150 oder 200 Jahre erreichen, ein besonders strenger englischer Zoologe, der sich allerdings nur mit zahmen Dickhäutern befaßt hat, meint, man könne nicht beweisen, daß Elefanten älter als 70 geworden seien.

Nun könnte es durchaus sein, daß Elefanten in Gefangenschaft nicht so alt werden wie im Dschungel – sofern ihnen dort der Lebensraum nicht von den Menschen beschnitten wird. Tatsächlich sind wilde Elefanten den gezähmten meist an Kraft und Kondition weit überlegen – nur könnte selbst der älteste

Elefantenkenner in Indien ein so biblisches Elefantenalter nicht belegen.

Auch über zahme Elefanten gibt es Überlieferungen, die von einem sehr hohen Alter sprechen: So soll in Ceylon ein Elefant namens Hurtala – zu deutsch: Schoßtierchen – den Holländern während der ganzen 140 Jahre ihrer Besatzungszeit gedient haben. Er war das einzige Tier, das bei der Belagerung Colombos durch die Engländer nicht aufgegessen worden ist. Angeblich starb er mit 170 in Ehren eines natürlichen Todes.

Von einem englischen Zirkuselefanten, »Prinzessin Alice« genannt, der um die Jahrhundertwende mit seinem Etablissement nach Australien übersiedelte, wird berichtet, daß er in Melbourne mit genau 152 Jahren starb – bis zuletzt in der Manege im Dienst!

Es gibt Experten, die wegen solcher unbewiesener Geschichten rasend werden können. Es ist allerdings zu bedenken, daß die streng wissenschaftliche Zoologie noch nicht so alt ist, wie einem Elefanten nachgesagt wird, daß er werden könnte. Den verdienstvollen Alfred Brehm – Verfasser des gleichnamigen »Tierlebens«, der die Tiere noch in »gute« und »böse« einteilt – hat erst vor rund 100 Jahren das Zeitliche gesegnet. Sein Buch entspricht halt dem damaligen Wissensstand.

Auch über das Sterben der Elefanten gibt es mannigfache Theorien und Legenden. Eine besagt, daß ein Elefant, der seinen Tod nahen fühlt, seine Herde verläßt und zu einem der geheimnisvollen Elefantenfriedhöfe geht, um dort hinzuscheiden. Das klingt traurig und romantisch. Weniger romantisch, aber auch nicht bewiesen, ist die Erzählung eines frühen Afrika-Forschers, der behauptete, er wäre fünf Tage lang einem sterbenden Elefanten gefolgt, der von einer »Schildwache« anderer Elefanten eskortiert, zu einem solchen Ort getrieben worden wäre.

Der Ursprung solcher Geschichten liegt darin, daß nur ganz selten das Skelett eines Elefanten gefunden worden ist. Gesucht hat man danach: schon wegen des Elfenbeins. Man fand verendete Tiere – fast nie aber Gebeine. Kürzlich gelang einem

Tierfilmer in Afrika erstmalig, eine sehr seltsame und ergreifende Szene im Film einzufangen:

Da kam eine kleine Elefantenherde zum Skelett eines Artgenossen und stand eine Weile um die Gebeine herum. Dann nahm jedes Tier bis zu den Halbwüchsigen einen Stoßzahn oder mehrere Knochen mit dem Rüssel auf und alle gingen, wie in einem Trauerzug, damit davon. Wohin, hat der Film nicht mehr gezeigt. Man vermutet, daß die Gebeine zu einem Fluß getragen werden. Diese Theorie wird durch die Tatsache unterstützt, daß viele eben verendete Tiere in der Nähe eines Flusses entdeckt wurden. Das könnte zwar auch bedeuten, daß ein schwaches Tier den Weg zum Wasser sucht, aber man hat bei Baggerarbeiten für den Bau von Staudämmen oft altes Elfenbein gefunden, einen der mysteriösen Elefantenfriedhöfe aber nie.

Aberglauben und Mythen um den Elefanten

Es ist nicht richtig, daß die Elefanten in den asiatischen Ländern »heilige« Tiere sind. Doch die Menschen respektieren und bewundern sie wegen ihrer Güte, Kraft und Klugheit – sie halten den Elefanten für das weitaus klügste Tier auf der Welt, was immer auch moderne Wissenschaftler dagegen einwenden würden. Er gilt als nobles Tier, als Symbol für Würde und Majestät – und als Glücksbringer. Überall in Asien gibt es Elefantenstatuen und Amulette aus Silber, Jade und perverserweise – aus Elfenbein.

Bei den Katscharies habe ich beobachtet, daß sie, bevor sie den Elefanten besteigen, ihn zuerst mit den Fingern betasten und mit diesen Fingern dann Mund, Stirne und Brust berühren, was mir erscheinen wollte, als ob sie ein Kreuzzeichen machten. Sie erklärten, das sei eine Geste der Verehrung und brächte Glück: Sie erwarten, daß sie das Tier dann wieder sicher aus dem Dschungel zurückbringt.

In verschiedenen Religionen Asiens spielen die weißen Elefanten in Legenden und Mythen eine besondere Rolle. Bei den

FARBTAFEL 3

Hindus wird erzählt, daß ihr Hauptgott Indra auf einem weißen Elefanten namens Airavata ritt, der vier Stoßzähne besaß. In der prä-buddhistischen Zeit waren weiße Elefanten das Symbol für die lebensspendenden Regenwolken und die Mutter Buddhas soll in ihrer letzten Inkarnation, bevor sie als Mensch geboren wurde, ebenfalls eine weiße Elefantenkuh gewesen sein. Auch Buddha selbst war der Legende nach in einem seiner früheren Leben ein weißer Elefant, natürlich ein ganz besonderer mit einem silbernen Rüssel und sechs Stoßzähnen, der eine Herde von achthundert Tieren führte. Über dieses Fabelwesen gibt es die blumigsten orientalischen Märchen.

Tatsächlich haben die weißen Elefanten auch heute noch eine Sonderstellung. Niemals werden sie für die Arbeit eingesetzt, sie sind meist Tempelelefanten und haben nur repräsentative Funktionen, etwa als Prunkelefanten bei Festzügen.

Elefanten als Rekruten, Rammböcke und Panzer

Wegen ihrer Kraft und Geschicklichkeit wurden Elefanten schon seit Jahrtausenden gezähmt und in den Dienst der Menschen gestellt: als Last- und Reittiere, aber auch als Kriegselefanten. Die erste Überlieferung, in der Elefanten als lebende Panzer eingesetzt wurden, stammt aus dem zweiten Jahrtausend vor Christus. Über viele Jahrhunderte wurden sie in Asien dann bei Schlachten als Kampftiere verwendet. Man kann sich vorstellen, daß vor allem der psychologische Schock gewaltig war, wenn diese Kolosse dahergestürmt kamen und auf Soldaten zurasten, die solche Monster noch nie gesehen hatten.

Immer klappte das allerdings nicht, denn wenn Elefanten nicht erstklassig ausgebildet werden, verfallen sie bei ungewohnten Situationen leicht in Panik oder ihre urtümliche Verhaltensweisen. So mußte auch der indische König Phorus eine vernichtende Niederlage im Kampf gegen Alexander den Großen erleben, weil erstaunlicherweise nicht die Pferde der mazedonischen Kavallerie, sondern die 200 Elefanten des Phorus die Nerven verloren und auf ihrer Flucht bei ihren eigenen Leuten ein unbeschreibliches Chaos anrichteten.

Auch Hannibal hat sich ja bekanntlich mit seinen Elefanten folgenschwer verkalkuliert: Von seinen siebenunddreißig Kampfelefanten, die er über die Pyrenäen, die französischen Alpen und den Apennin führen wollte, kam nur einer weiter als zum Arno, was Hannibals strategischen Plänen einen argen Stoß versetzte. Die Tiere dürften weniger wegen des ungewohnten Geländes, sondern eher aus Futtermangel oder genauer: Mangel an gewohntem Futter eingegangen sein. Von indischen Elefanten ist bekannt, daß sie auf Höhen von über 3000 Meter klettern können, wenn sie ausreichend ernährt werden. Nach Hannibals Niederlage kamen die afrikanischen Kampfelefanten aus der Mode – und damit ging auch das Wissen verloren, wie man afrikanische Elefanten zähmt und dressiert.

Die indischen Elefanten hatten noch länger mit Kriegsverpflichtungen zu rechnen, sogar die frühen britischen Besatzungsstreitmächte in Indien unterhielten noch Spezialtruppen mit Elefanten. Erst die modernen Kriegswaffen machten dann ihre Verwendung für Kriegszwecke überflüssig. Einer der wenigen erfreulichen Aspekte dieser Entwicklung für Tierfreunde und die Elefanten, die da ganz gegen ihre Natur mißbraucht wurden. Immerhin hat der Mogulenkaiser Akbar der Große (1542–1605) für seine gefallenen Kriegselefanten aus Respekt und Dankbarkeit ein Mausoleum errichtet. Aber Kriegsopfer-Denkmäler erwecken in uns heutzutage wohl recht zwiespältige Gefühle, am Nachruhm von Kriegshelden wird gezweifelt.

Elefanten als Arbeitskräfte: stark, klug – und sogar clever

Die feudalen Zeiten der mächtigen Mogulen und der unermeßlich reichen Nisans und Maharadschas sind vorüber. Das Bild der Märkte in Bihar, wo schon die Großmogulen ihre Kriegselefanten kauften, hat sich geändert.

Noch vor etwa 30 Jahren war die Nachfrage größer als das Angebot, denn für unerschlossene Gebiete war der Elefant damals tatsächlich noch ein unersetzliches »Arbeitsinstrument«. Damals hatte das Wort, daß es ohne Elefanten kein Teakholz gebe, noch allgemeine Gültigkeit. Heute trifft das zwar noch für Burma, kaum mehr aber für Indien zu.

In Assam, einst das Hauptverbreitungsgebiet der Elefanten, haben Teeplantagen ihr Dschungelterritorium so verringert, daß ihr Fang wirtschaftlich notwendig ist. Im Bundesstaat Uttar Pradesh, wo man seit Menschengedenken keinen Elefantenfang mehr betreibt, haben sich die Tiere in den letzten 30 Jahren auf das Siebenfache vermehrt. Sie sind zur Gefahr für Landwirtschaft und auch für die dort lebenden Menschen geworden, weil sich die Herden aus Platzmangel und Hunger bis in die Plantagen vorwagen.

Mit etwas Phantasie kann man sich also vorstellen, daß ein Kunki, ein gezähmtes Tier, seinem neugefangenen Artgenossen ins Ohr raunt, er solle sich doch überreden lassen, zu den Menschen zu gehen. Das Leben sei dort tatsächlich einfacher und bequemer als im immer enger werdenden Dschungel.

Die Käufer der Elefanten sind heute nicht mehr Maharadschas, sondern Tempelgemeinschaften, Landbesitzer, vereinzelte Elefantenliebhaber oder findige Unternehmer, die sie als Attraktion für den Fremdenverkehr oder als Reklame gebrauchen können. Der Bedarf an Fang- und Trainings-Kunkis wird meistens nicht auf diesen Märkten, sondern auf direktem Weg gedeckt, weil diese Tiere ja eine oft jahrelange Spezialausbildung brauchen.

Eine gute Behandlung ist den Elefanten jedenfalls sicher. Wenn schon nicht die Tierliebe, ist doch zumindest der Kaufpreis von 3000 bis 7000 DM (für Indien ein enorm hoher Betrag) ein ausreichender Grund, das Tier pfleglich zu behandeln.

Die anstrengendste Beschäftigung für einen Arbeitselefanten ist zweifellos, aus unwegsamen Gebieten Teakholz zu den Transportfahrzeugen zu schleppen. Diese Arbeit wird ihnen auch bei guter Verpflegung nur fünf Stunden am Tag zugemutet. Sie wissen genau, was sie tun müssen und arbeiten nach kurzer Zeit ganz selbständig, ohne daß man sie antreiben muß. Ihr Zeitsinn ist aber sehr ausgeprägt und so glaube ich auch die Geschichten, die mir vielfach erzählt worden sind:

Die Elefantenboys, so heißt es, haben ihre Schützlinge zum Arbeitsplatz gebracht und halten in aller Ruhe im Schatten eines Baumes ein Schläfchen, während die Elefanten die Fahrzeuge mit Holz beladen. Nach genau fünf Stunden aber erscheint der Elefant, stupst mit dem Rüssel seinen »Hüter« wach und deutet ihm an, daß nun Feierabend ist. Ich selbst habe Elefanten kennengelernt, die auf Kommando mutterseelenallein in den Dschungel gingen und mit einem Rüssel voller Brennholz zurückkamen, während der Mahout faulenzte und schwatzte.

Leichtere Arbeit für die Elefanten ist es, als Prunkelefanten für Tempelfeste umherzuziehen, oder als Aufputz für Volksfeste und Hochzeiten zu erscheinen. Allerdings bedarf es wohl auch einer Elefantengeduld, um sich für diese Zeremonien stundenlang schmücken und bemalen zu lassen.

Ein Elefantenritt ist für Touristen oft die Erfüllung eines Kindertraumes – für die »Taxi-Elefanten« ist diese Arbeit ein Kinderspiel, wenn es ihm vielleicht auch etwas langweilig dabei ist. Möglicherweise macht es ihm aber auch Spaß – so ein Spaziergang mit einer Last am Rücken, die er kaum spürt.

Diesen Eindruck gewann ich einmal im Nationalpark von Kasiranga, wo ich Nashörner filmen wollte. Es war ein sehr komisches Erlebnis: eine der wenigen Gelegenheiten, bei denen ein zahmer Elefant einmal seinen Unmut und seine Verdrossenheit ganz deutlich zum Ausdruck brachte – was bei diesen unendlich geduldigen Tieren kaum je zu beobachten ist.

Für Touristen, die in diesem Nationalpark die berühmten Panzernashörner beobachten möchten, stehen dort sechs Elefanten mit Mahouts bereit, auf denen sie in das Grasmeer hinausreiten können. Wenn vier Besucher beisammen sind, setzt man sie auf einen Elefanten und der zieht dann los. Sie marschieren gern in diese Savanne, weil sie beim Ritt rechts und links des Weges Gras ausreißen und fressen können, von einer Sorte, die sie im Stall nicht bekommen.

Nach und nach startete ein Elefant nach dem anderen. Dann aber kamen keine Besucher mehr und der Elefantenführer wollte den einzigen und letzten der Elefanten, der da noch aufgetakelt und mit der Sitzvorrichtung auf seinem Rücken wartete, in den Stall zurückführen. Damit wurde dem Tier klar, daß es heute nicht mehr zum Einsatz kommen würde. Offenbar hatte es sich auf den Ausflug und das saftige Gras schon sehr gefreut, sah sich nun um den erhofften Leckerbissen betrogen und reagierte wie ein trotziges Kind, dem man etwas versprochen, dann aber nicht gehalten hat: Er trompetete Protest, stampfte mit einem Vorderbein und schlug mit seinem Rüssel zornig auf den Boden – man hatte den Eindruck, wenn er nur könnte, würde er aus tiefstem Herzensgrunde fluchen. Die Mahouts, die diese Reaktion anscheinend kannten, lachten und versprachen ihm, morgen, oder sogar noch am selben Nachmittag, wenn Besucher kämen, wäre er als erster an der Reihe und dann käme auch er zu seinem Lieblingsgras.

Elefanten als Killer

Wie ich schon erwähnt habe, trete ich wilden Elefanten nie als Held gegenüber, sosehr sie mich auch faszinieren. Während ich mich nicht scheue, bei Raubtieren, ob es nun Löwen, Tiger oder Leoparden sind, möglichst nahe heranzukommen, um gute Bilder zu schießen, verlasse ich mich bei Elefanten auf das Teleobjektiv. Ich bin jedesmal erleichtert, wenn sich die Entfernung zwischen mir und solch einem Koloß vergrößert.

Schon viele Filmleute haben das Jagdfieber, das einen oft hinter der Kamera befällt, mit dem Leben bezahlt. Mich hat das Unglück eines jungen deutschen Kameramannes besonders berührt, der in Südindien bei Mysore wilde Elefanten filmte. Offenbar fehlte ihm der Schutzfaktor Angst, denn er filmte einen ihm entgegenkommenden stoßzahntragenden Einzelgänger so lange, daß die Warnrufe seines einheimischen Begleiters zu spät kamen: Als er sich endlich zur Flucht entschloß, hatte ihn der Bulle schon erreicht und stieß ihm die Stoßzähne so heftig zwischen die Schulterblätter, daß er ihn durchbohrte. Mit einer ruckartigen Aufwärtsbewegung des Kopfes warf das wütende Tier den bereits toten jungen Mann in hohem Bogen durch die Luft ins Dickicht und trollte sich dann, ohne auf den verschreckten Begleiter des Kameramannes zu achten, der sich auf einen Baum geflüchtet hatte.

Gainsha, der grimmige Eremit

Glimpflicher ging eine Begegnung aus, die sich in meiner Nähe ereignete, als ich im nordindischen Nationalpark Corbett Ganges-Krokodile filmte. Unweit meines Drehortes gab es den sogenannten »Krokodilausguck«, von dem aus Touristen diese Reptilien beobachten konnten. Ein in Indien lebender Engländer war mit seiner Frau, seinen drei Söhnen im Alter von 10 bis 15 Jahren und einem Wildhüter dorthin gewandert, als sich etwas völlig unerwartetes ereignete:

Einer der Jungen war vorausgelaufen und sah hinter einer Wegbiegung plötzlich einen mächtigen Elefanten mit kräftigen Stoßzähnen vor sich, der friedlich zu grasen schien. Er lief zurück zur Gruppe und berichtete. Alle freuten sich, daß sie nach den Krokodilen nun auch einen Elefanten zu sehen bekämen. Der Wildhüter hatte keine Bedenken, doch als sie auf die Biegung gingen, kam ihnen der Bulle schon wütend entgegengebraust. Die ganze Gruppe stob entsetzt auseinander. Der Wildhüter rannte mit einem der Buben ins Dickicht, zwei Buben versteckten sich hinter einem Baumstamm. Der Engländer erklomm einen Baum und mußte zusehen, wie der Bulle seine Frau erreichte und sie durch die Luft schleuderte. Sie blieb wie leblos in einem Gebüsch liegen und der Elefant schaute wild schnaubend um sich.

Niemand wagte sich zu rühren, auch als der Bulle unvermittelt wieder zu äsen begann. Man kann sich vorstellen, wie dem Engländer zumute war, der in Reichweite des Elefanten in den Zweigen eines Baumes hing und nicht wußte, ob seine Frau tot war oder wie er ihr helfen sollte, falls sie nur verletzt sein sollte. Er wußte später nicht mehr, wie lange dieses Fegefeuer gedauert hatte, bis der Bulle sich endlich entfernte und er sein unsicheres Versteck verlassen konnte.

Zum Glück hatte sich auch die Frau nicht bewegt, was den Bullen sicherlich zu einem neuen Angriff gereizt hätte. Es stellte sich heraus, daß sie zwar einen schweren Schock, aber nur leichte Verletzungen erlitten hatten. Ich kam gerade mit meinem Jeep vorbei, als sich das verstörte Häufchen Menschen vorsichtig zur Straße zu gehen wagte.

Als die Wildhüter des Parks von dem Vorfall hörten, wußten sie sofort, wer der Übeltäter war: Die Überfallenen bestätigten, daß der Bulle auffallend eng zusammenstehende Stoßzähne hatte. Demnach mußte es sich um »Gainsha« handeln, was auf Hindi »Schere« heißt, gemäß der Form seiner Zähne.

Gainsha war ein alter, ausgestoßener Bulle, der schon öfter seine Verbitterung an Menschen ausgetobt hatte. Die Wildhüter beschlossen daraufhin, dem Grimmbart eine Lektion zu erteilen: Sie versammelten sich am »Tatort« und ballerten mit ihren Schrotflinten einige lautstarke Salven in die Luft – das ist für die empfindlichen Ohren eines wilden Elefanten eine wirkliche Strafe. Ob der Alte dadurch gebessert wurde, weiß ich allerdings nicht.

Die Tragödie bei den Katscharies

Die erschütterndste Konfrontation mit einem rasenden Elefanten aber erlebte ich bei den Elefantenfängern – was zeigt, daß nicht nur ein ahnungsloses Greenhorn, sondern auch ein erfahrener Kenner dem wütenden Ungetüm gegenüber machtlos ist.

Ich war schon seit Wochen mit den Fängern unterwegs und wir waren gerade wieder von einem erfolglosen Ausflug in den Dschungel im Nonstopmarsch zurückgekehrt ins Basislager, das in diesem Fall nur einen halben Tagritt entfernt war. Wir hatten zwar eine Herde aufgespürt, aber die Elefanten hatten im letzten Augenblick von uns Wind bekommen und waren entflohen.

Ein junger Fandi jedoch hatte im Alleingang versucht, an eines der Kälber heranzukommen. Ob er Erfolg gehabt hatte, konnten wir nicht mehr feststellen, weil wir schleunigst kehrt machten und so rasch wie möglich von der Herde wegzukommen trachteten.

In solchen Fällen heißt es nämlich bei den Elefantenfängern nicht: »Einer für alle, und alle für einen«, sondern: »Jeder für sich und den Letzten beißen die Hunde«. Nun saßen wir im Basislager und die Unruhe wurde immer größer, weil der junge Fänger samt Mahout und Kunki immer noch nicht eingetroffen war. Seine Kameraden wollten sich ihre Sorge nicht recht anmerken lassen, aber ich entnahm ihren Erzählungen, daß sie der Ansicht waren, ihr Gefährte wäre zu leichtsinnig gewesen.

Diese Bemerkungen fielen aber nebenbei, denn über die Gefahren ihres Berufes sprachen sie nicht.

Der Bursche hatte zwar einen guten Ruf als Fänger, doch in dieser Jagdsaison hatte er noch keinen einzigen Fang gemacht. Deshalb schien er sich Sorgen um sein Renommee oder um sein Fanggeld zu machen.

Es begann schon zu dämmern, als wir endlich die Umrisse des Kunki-Elefanten langsam auf unser Lager zutrotten sahen. Mit einem Mal verstummten alle Gespräche und eine unheilvolle Stille breitete sich über das Lager: Der Elefant sah müde und mitgenommen aus. Auf seinem Rücken aber hockte zusammengekauert und zerschunden nur ein Mann, der Mahout.

Wo war der Lassowerfer geblieben?

Nach einigen Augenblicken entsetzten Schweigens liefen alle zu dem Neuangekommenen, halfen ihm herunter und überschütteten ihn mit einem Schwall von Fragen. Er stammelte nur immer wieder: » Tot . . . tot . . . tot!«

Später, nachdem man ihn heruntergehoben und gelabt hatte, erzählte er, die Hände um seinen Teebecher gekrampft und immer wieder von Schluchzen geschüttelt, was geschehen war. Es war der Alptraum eines jeden Fängers:

Nach ihrer Extratour, die erfolglos verlaufen war, hatten sie versucht, uns nachzufolgen und unseren Vorsprung aufzuholen. Plötzlich, auf einer Lichtung, war ein Bulle vor ihnen aus dem Gehölz gebrochen. Wegen ihrer hohen Geschwindigkeit dauerte es zu lange, bis sie umdrehen konnten, um zu fliehen. Der Bulle war ganz dicht hinter ihnen her.

Unser Mahout legte sich ganz flach auf den Rücken des Elefanten, weil sie nun wieder ins Dickicht preschten. Der Fänger jedoch, der vor ihm hinter dem Kopf des Tieres saß, hatte sich gerade umgewandt, um zu sehen, wie nahe der wilde Bulle sei. Da schlug ihm ein Ast gegen den Kopf und fegte ihn herunter: wahrscheinlich hatte ihn der Schlag betäubt. Entsetzt schaute ihm der Mahout nach und mußte zusehen, wie sich der Bulle auf sein hilfloses Opfer stürzte und es mit seinem Gewicht erdrückte!

Er, der Mahout, habe gesehen, daß er nicht mehr helfen könne und habe seine Flucht fortgesetzt. Anscheinend aber war der Zorn des Bullen, nachdem er sein Opfer gehabt hatte, verraucht, und er hatte die Verfolgung nicht mehr aufgenommen. Dennoch hatte sich der Mann zu einem Umweg entschlossen, um dem Bullen nicht noch einmal in die Quere zu kommen.

Der Bursche stand zweifellos unter schwerem Schock. Ich konnte aber ein bitteres Gefühl nicht unterdrücken und fragte, ob man dem Fandi nicht vielleicht doch hätte helfen können. Die Katscharies winkten ab: Wenn solch ein tonnenschwerer Bulle einen Menschen unter die Knie bekommt, dann sei dem nicht mehr zu helfen. Der Mahout habe richtig gehandelt, sonst hätte er auch noch sein Leben in höchste Gefahr gebracht.

Am nächsten Tag zogen die Fänger aus, um ihren toten Kameraden zu bergen. Die Elefanten kehren nämlich, anders als die Raubtiere, nicht zu ihrem Opfer zurück – es interessiert sie nicht mehr.

An diesem traurigen Fall zeigte sich wieder, daß die Vorstellung, Elefanten würden ihre Opfer zertrampeln, in der Regel irrig ist. Das kann zwar bei einer panikartigen Massenflucht einmal passieren, im Kampf aber benützen sie ihre Stoßzähne oder erdrücken den Feind mit den Knien und dem Körper.

Die Katscharies haben übrigens über diesen tragischen Vorfall später nie mehr gesprochen. Ich nehme an, sie wollten ihn aus ihrem Bewußtsein verdrängen, um ihrer gefährlichen Arbeit weiter nachgehen zu können.

Auch zahme Elefanten laufen Amok

Obwohl die zahmen Elefanten von einer sprichwörtlichen Geduld sind und meist mit ihren Mahouts in einem sehr liebevollen Verhältnis stehen, gibt es Fälle, wo auch sie gefährlich werden können.

Manchmal sind die Gründe, warum sie durchdrehen, unschwer zu erkennen: Wenn sehr großer Lärm sie erschreckt, (außer sie sind darauf trainiert), wenn der Zirkus brennt, oder wenn sie, z. B. bei einem Transport, in einen Tunnel kommen. Manche Bullen werden auch plötzlich aggressiv, wenn ihr Geschlechtstrieb sie plagt. Sie müssen während dieser Zeit sogar in Ketten gelegt werden. . . . und zwar, so grausam es klingt, gestreckt, weil sonst die Seile und Ketten kaum seiner Wut standhalten könnten und er sich auch wundscheuern würde. Die Elefantenboys, denen der Bulle sonst aufs Wort gehorcht, wagen sich nicht einmal zum Füttern in seine Nähe und schieben ihm Futter und Wasser mit Stangen vorsichtig in Rüsselnähe.

Dieser gefährliche Zustand tritt besonders im Alter zwischen fünfunddreißig und fünfundfünfzig Jahren auf, und zwar in unregelmäßigen Abständen, so daß man sich nicht so gut darauf einstellen kann, wie auf alljährliche Brunftzeiten. Man erkennt diesen »Musht« genannten Anfall von Raserei und Tobsucht an einer starken Drüsensekretion neben dem Ohr, die ziemlich übel riecht. Diese Zeit, etwa drei bis sechs Wochen, in denen auch die gutmütigsten Bullen unberechenbar und gefährlich werden, ist für Elefanten und Betreuer eine Qual.

Wenn man die Sekretion aber nicht rechtzeitig bemerkt,

kann es zu Katastrophen kommen. Vor einigen Jahren mußte der »Hofelefant« des indischen Präsidenten erschossen werden, weil er Amok lief und drei Menschen tötete.

Seit diesem tragischen Zwischenfall gibt es keinen Hofelefanten mehr. In seinem Stall steht seither ein Straßenkreuzer, ein Fortbewegungsmittel, das nur Menschen tötet, wenn der Chauffeur verrückt spielt.

Völlig unverständlich aber ist eine Art Amok-Stimmung, die die Tiere manchmal im Zoo befällt und meist nur die Möglichkeit offenläßt, das Tier zu töten. Da gab es Fälle, in denen Elefanten jahrzehntelang friedlich im Tiergarten lebten und plötzlich ihren Wärter anfielen, dazu alle und jeden, die sich ihnen in den Weg stellten. Oder sie brachten völlig überraschend ihre Lieblingskuh um. Wahrscheinlich sind diese Wahnsinnsausbrüche eine Zivilisationserscheinung, denn auch im schönsten Tiergarten müssen die Elefanten doch ganz anders leben, als es ihrer Natur entspricht.

Das Aufsehen, das so ein Amoklauf dann in den Medien erregt, ist verständlich, denn ein solcher Koloß hat ja einen unvergleichlich größeren Wirkungsgrad als etwa ein wildgewordener Hund. Und leider sind dabei auch immer wieder Menschenleben zu beklagen.

Ein Überfall wie ein Erdbeben

Wie schmust man mit einem Elefanten?

Die wilde Jagd der Urgewalten . . .

Ein Elefant stirbt an gebrochenem Herzen . . .

Wann schlägt den sanften Kolossen die Stunde?

Die wilden Elefanten, die nach einem erfolgreichen Fang in Gewaltmärschen ins Basislager gebracht werden, müssen sofort mit dem Training beginnen. Nach der Aufregung des Fanges werden sie erst eine Weile gefesselt. Man gibt ihnen aber sofort einen Kunki zur Seite, einen zahmen Trainingselefanten, der besonders die jüngeren Tiere schon bald beruhigen kann. Die Elefantenkinder sind es von ihrer Herde her gewöhnt, nicht nur von ihren Muttertieren, sondern auch von einer Anzahl »Tanten« erzogen zu werden.

Zuerst soll sich der Neuankömmling daran gewöhnen, sein Futter aus den Händen des Trainers entgegenzunehmen. Das lehnt er anfangs unter heftigen Protesten ab, aber früher oder später lenkt er ein, denn die Hauptbeschäftigung wilder Elefangen ist nun einmal das Fressen – 18 bis 20 Stunden am Tag.

Erwachsene Tiere und ganz besonders die Bullen lassen sich meist nicht so schnell besänftigen. Tierschützer berichten empört von manchmal brutalen Methoden, die Tiere zur Raison zu bringen. Das dürfte aber eher bei der Stockade-Fangmethode der Fall sein, wo ja eine ganze Herde eingefangen wird. Vor allem die älteren Bullen können sich kaum mehr an eine Zähmung gewöhnen.

Nach meiner Erfahrung im Lager der Mela-Shikar-Fänger waren die Elefantentrainer nicht unnötig grausam zu den Tieren, sie schienen vielmehr eine echte Zuneigung zu ihren Schützlingen zu empfinden. In Assam sind die Elefantentrainer traditionsgemäß Moslems. Im Namen Allahs und seines Propheten singen sie den jungen Tieren jeden Morgen auf dem Weg zur Tränke ein jahrhundertealtes Lied vor. Es soll sie besänftigen, überreden und überzeugen, daß sie es bei den Menschen viel besser haben werden, als in der Wildnis: Nicht Knechtschaft bedeute ihre Gefangennahme, sie sei der Weg in eine neue Freiheit.

Eine der vielen Strophen beschwört den neuen Schützling:

Vergiß den Dschungel, aus dem du gekommen.
Du bist der Sohn einer berühmten Mutter,
doch vergiß die Bindung zu ihr.
Ein schönes, ein großartiges Leben erwartet dich.
Viele Süßigkeiten wirst du bekommen.
Du wirst Städte und Tempel sehen,
Du wirst durch reiche Bazare ziehn.
Vergiß die Herde, mit der du den Dschungel durchstreift,
klug und mächtig wirst du sein, o Elefant.
Alle Menschen, die dich sehen, werden dich lieben.
Wo immer du hinkommst, wirst du die Herzen
der Menschen bewegen.
Schwester und Bruder wirst du uns sein.
Im Namen Allahs und des Propheten, bleibe bei uns,
Du wirst es nie bereun!

Wohl kaum je ist ein Wesen mit schlichterer Raffinesse zur Landflucht überredet worden.

In einer dreiwöchigen Grundausbildung lernen die jungen Tiere im Lager, sich an das Feuer zu gewöhnen. Ohne dieses konsequente Nachttraining wären sie ständig unruhig, würden Ausbruchsversuche machen und sich dabei womöglich verletzen. Dann lernen sie, einfache Kommandos zu befolgen. In erstaunlich kurzer Zeit gewöhnen sie sich daran, mit den Menschen und ihren zahmen Artgenossen zusammenzuleben. Tatsächlich scheint nach einer Weile die Bindung eines zahmen Elefanten zum Menschen stärker zu sein, als die zu seinen Brüdern in der Wildnis.

Übrigens lassen sich wilde Elefanten leichter erziehen als in der Gefangenschaft geborene. Die Erklärung, die die Elefantentrainer dafür haben, ist kein Kompliment für die menschliche Rasse: Sie behaupten, daß die Jungen in menschlicher Gesellschaft zu viele schlechte Eigenschaften von uns übernehmen, die Erziehung der Elefantenkinder in der Herde sei viel klüger und konsequenter.

Bekanntlich lassen sich ja nur die indischen, nicht aber die afrikanischen Elefanten dressieren. Dic afrikanische Rasse hat größere Ohren und ist auch meist größer gewachsen. Ihre Stoßzähne sind aus dem qualitativ besseren Elfenbein, was zumindest in der Vergangenheit zur Folge hatte, daß sie als begehrte Jagdbeute in manchen Gebieten völlig ausgerottet wurde.

Die gelehrigen indischen Elefanten sind als Arbeitskräfte wertvoller als ihre Stoßzähne, so daß ihr Fang eine jahrtausendealte Tradition hat. Außerdem gibt es sehr viele, die gar keine Stoßzähne haben – man nennt sie Maknas und sie sind weniger aggressiv als Stoßzahntragende Bullen. Es gibt verschiedene Meinungen darüber, warum sie in Assam sehr verbreitet sind; die wahrscheinlichste ist, daß es eine Eigenart mancher Familien ist, und daß diese Familien von den Elfenbeinjägern verschont geblieben sind, so daß sie sich stärker vermehren konnten.

Die Zeiten, die wir zwischen den Fang-Expeditionen im Lager verbrachten, habe ich immer sehr genossen. Schließlich brauchten nicht nur die Elefanten, sondern auch die Menschen diese Zeit der Erholung – und ich konnte das Leben der Katscharies und der Elefanten in Ruhe studieren.

Daß die Fang-Elefanten nach den Dschungel-Ausflügen mit Pflege und Futter sehr verwöhnt wurden, habe ich schon beschrieben. Aber auch wir Menschen kamen im Basislager zu mehr lukullischen Genüssen als unterwegs. Bei unseren Biwaks in der Wildnis kam es sehr auf die jeweilige Gelegenheit an, ob man die mitgebrachten Grundnahrungsmittel Reis und Linsen mit gemüseartigen Pflanzen aus der Umgebung, oder gar einigen Fischen, aufbessern konnte. Die Hauptmahlzeit unterwegs war das Frühstück, dann gab es bis zum Abend nichts mehr, außer manchmal, wenn es die Zeit erlaubte, eine Tasse Tee unterwegs.

Nun kann man von ungeschältem Reis und etwas Gemüse ohne weiters gut und gesund leben. Aber der einzige gelernte Koch blieb natürlich im Basislager, und so war ich für die abwechslungsreichere Kost mit den vorzüglichen indischen Gewürzen »zu Hause« immer wieder sehr dankbar.

Auch ein gewisses Sicherheitsgefühl, das ich im nächtlichen Dschungel vermißte, wo man ohne Zelt kampiert, trug im Basiscamp zum Wohlbefinden bei. Warum ich mich dort geschützter fühlte, ist eigentlich logisch nicht recht zu begründen. Denn auch draußen im Dschungel stellt man die Elefanten rund um die Liegestätte in der Hoffnung, daß sie einen vor dem Angriff wilder Tiere warnen. Vor dem Kleingetier, den Skorpionen und Schlangen, schützen selbt die leichtgebauten Hütten im Camp nicht.

Wie schmust man mit einem Elefanten?

Meine Passion für Ratna Mala blieb niemandem verborgen, als ich zu Hause in Europa von meinen indischen Erlebnissen berichtete. Dennoch fand ich nicht auf Anhieb eine Antwort, als man mir die Frage stellte, wie man eigentlich mit einem Elefanten schmust. Wie zeigte ich also Ratna Mala meine Zuneigung, und wie sie mir die ihre?

Natürlich hat jedes Lebewesen eine Körpersprache. Oft wird aber der Fehler gemacht, tierisches Verhalten zu menschlich zu interpretieren, womit man meist auf dem Holzweg ist. Was ein Haustier mit seinen Reaktionen zum Ausdruck bringen will, erkennt man wohl im Laufe des Zusammenlebens am eindeutigsten bei Hunden. Schon bei Katzen aber legen manche Menschen die Reste von raubtierhaftem Verhalten als Falschheit aus.

Es war für mich also besonders schwer, die Körpersprache eines Tieres zu ergründen, das noch in der Wildnis geboren wurde, erst später mit Menschen zu leben gelernt hat. Ein Tier, das nicht nur von seiner Dimension her aus einer anderen, längst vergangenen Epoche zu stammen scheint, von der wir Menschen keine Ahnung haben.

Wenn man so einem Koloß gegenübersteht, kommt man am ehesten auf den Gedanken, ihn am Rüssel zu streicheln, denn dieser Teil des Tieres ist noch am handlichsten und meistens in Bewegung. Wenn man oben sitzt und ihn seitlich am Hals oder Rücken streichelt oder tätschelt, weiß man nicht, ob er das überhaupt zur Kenntnis nimmt oder positiv vermerkt. Zwar ist die Haut dieses »Dickhäuter« genannten Riesen gar nicht so unempfindlich und unverletzlich, wie man denkt. Aber bei dieser enormen Oberfläche kann man sich doch nicht sicher sein, ob er die leichte Berührung einer kleinen Menschenhand überhaupt fühlt.

Bei Ratna Mala hatte ich immer den Eindruck, daß sie weit mehr Verstand hatte als alle anderen Elefanten, und daß sie alles mitbekam, was um sie herum passierte. Mir schien, daß sie kluge Augen hatte, die alles registrierten. Aber das kann ich nicht beweisen, zumal da behauptet wird, daß Elefanten sehr schlecht sehen und sich nur nach Geruch und Gehör orientieren. Ich bin aber auf jeden Fall nicht davon abzubringen, daß sie – mit welchem Sinnesorgan auch immer, vielleicht gar mit dem sechsten, das wir nicht haben – ein »Gespür« für jede Situation um sich herum hatte.

Ich muß zugeben, daß ich erst einmal ein ganz plumpes Mittel anwendete, um mich bei ihr beliebt zu machen: Weil ich wußte, daß Elefanten, wie Pferde auch, Süßes mögen, fütterte ich sie mit Würfelzucker. Ich weiß zwar nicht, ob Zucker auch für Elefantenzähne schädlich ist, aber ich dachte, daß ich bei einer sechzigjährigen Dame mit gutem Gebiß damit nicht viel Unheil anrichten könnte.

Es war urkomisch, schon vom Größenverhältnis her, wie der Viertonnen-Riese jedes einzelne Zuckerstückchen in den Rüssel nahm, zum Maul führte und mit den riesigen Mahlzähnen zerdrückte, während der Rüssel schon wieder nach dem nächsten Stück verlangte. So verfütterte ich manchmal ein halbes Kilo, Stück für Stück, ohne daß es meine Elefantin verdroß.

Zweifellos hätte sie größere Portionen verdrücken können und sicherlich wußte sie nach einigen gemeinsamen Wochen, wo das Zuckerdepot zu finden war. Aber diese Urviecher ernähren sich ja auch viele Stunden am Tag sehr mühsam von Grasbüscheln, so daß ich annehme, daß sie diese langwierige Prozedur genoß.

Allerdings war ich als ihr Zuckerlieferant verpflichtet. Sobald sie mich sah oder hörte, streckte sie mir bereits fordernd ihren Rüssel entgegen. Manchmal wußte ich gar nicht, daß sie in der Nähe war, bis mich ein Rüssel am Rücken oder Nacken zart stupste und über die Schulter langte, weil sie der Meinung war, sie hätte schon lange genug kein Stückchen mehr bekommen – na, also, wo bleibst du denn.

Die Elefantenboys sahen dieses süße Verhältnis zwischen mir und meinem betagten Elefantenmädchen kopfschüttelnd mit an. Ich habe mich des Eindrucks nie ganz erwehren können, daß sie den Würfelzucker gern selbst gehabt hätten.

Ratna Mala nützte ihr Zuckerprivileg bei mir weidlich aus. Bald ging ich gar nicht mehr aus, ohne alle Taschen mit Würfelzucker vollgepackt zu haben, sogar bei den Ausritten im Dschungel. Auch da langte sie gelegentich mit ihrem Rüssel mitten unter dem Marsch zu mir nach hinten und ich gab ihr ein Stückchen. War es nur Einbildung oder wirklich ein Zeichen der Vertrautheit?

Sie schien mir zeigen zu wollen, wie sie sich jederzeit bewußt war, daß ich auf ihrem Rücken saß. Denn für ein einziges Stückchen Würfelzucker wäre diese Geste fast zu mühselig gewesen.

Perlenkettchen hat mich später auch in meiner Hütte besucht. Besser gesagt, ihr Rüssel kam zu Besuch, denn ein Besuch ihrer ganzen Person wäre das Ende meines Obdachs gewesen. Sie streckte nur eben mal ihren Rüssel am Vorhang vorbei, der meine Haustüre darstellte, und hatte bald heraus, daß ich dort meistens auf meiner Pritsche lag.

Meine Begleiter fanden das recht erstaunlich, denn Elefanten stecken sonst kaum ihre Nase in unerforschtes Gelände. Sie sind viel zu sorgsam auf dieses empfindliche Instrument bedacht. Meine Süße aber stupste mich mehrmals an und machte eine fordernde Bewegung mit ihrem »Finger« – das ist so eine Art Pfeifendeckel zum Schließen des Rüssels. Aha, Madame schnorrte wieder einmal Zucker, und es bedarf keiner Erwähnung, daß sie ihn natürlich bekam. Nach jedem Stückchen erschien der Rüssel dann so lange immer wieder mit dieser fordernden Fingerbewegung, bis ich laut und deutlich mit ihr schimpfte, daß es jetzt aber genug sei. Sie hat sich dann auch immer höflich zurückgezogen und mich nicht weiter bedrängt. Ein wirklich feines Benehmen!

Manchmal tat ich so, als ob ich schliefe, und reagierte nicht. Ratna Mala tastete dann herum, bis sie meine Lage erkundet hatte, um mich anzustupsen. Dabei ist sie oft auf die Zuckerstückchen gestoßen, aber sie hat sie nie gestohlen. Vermutlich hat ihr das ganze Ritual mehr Spaß gemacht, als der Zucker selbst.

Wenn ich gelegentlich wirklich schlief, hat mich ihr feuchtkalter Rüssel, wenn er mein Gesicht berührte, allerdings sehr erschreckt. Ich fuhr hoch wie von der Viper gebissen. Im Unterbewußtsein rechnete ich nämlich eher mit solch einem Besuch als dem Rüssel einer genäschigen Elefantenkuh.

Ratna Mala war aber nicht bloß entgegenkommend zu mir, wenn ich sie mit Zucker verwöhnte. Manchmal schlang sie auch »nur einfach so« den Rüssel freundschaftlich um mich. Ein Gefühl der Vertrautheit empfand ich auch, wenn sie mich mit dem Rüssel auf ihren Rücken hievte. Falls ich das wollte, faßte ich an ihre unteren Ohrenspitzen, worauf sie ihren Rüssel ausstreckte, so daß ich mich daraufstellen konnte – und dann setzte sie mich ganz behutsam auf ihrem Rücken ab.

Dieser Rüssel überraschte mich täglich aufs Neue, so verschiedenartige Funktionen hatte er. Als ich Ratna Mala im Lager einmal eine Blechschüssel mit einem Kilo ungekochtem Reis vorsetzte, schnupfte sie ihn mit einer einzigen Bewegung auf, wie ein Staubsauger – und hoch oben in ihrem Maul hörte ich es alsbald genüßlich mahlen. Auf ähnliche Weise konnte sie auch Wasser aufsaugen und trinken oder aber den Rüssel als Brause benutzen.

Das Überraschendste für mich war jedoch, als ich einmal beobachtete, wie sie mit diesem Rüssel, der ohnehin schon viel mehr kann als eine menschliche Hand, ein Hilfsinstrument benutzte. Sie nahm einen Treibstock aus Bambus, der an einen Baum gelehnt war und kratzte sich damit ausgiebigst an einer Stelle am Bauch, wo sie weder mit dem Rüssel noch mit einem Bein jemals hätte hinlangen können. Eine wirklich raffinierte Überlegung, von den Zoologen als ein Zeichen hoher Intelligenzentwicklung gewertet.

Wenn man einen Hund streichelt, wedelt er mit dem Schwanz. Ein Elefant läßt Lob oder Tadel ohne merkbare Gefühlsäußerung über sich ergehen, er gibt auch keinen Laut von sich. Sein Schwanz, dieses unverhältnismäßig kleine Anhängsel pendelt unentwegt hin und her – ganz unabhängig von seiner Stimmung. Von freudigem Wedeln kann keine Rede sein.

Ich weiß nicht, ob Ratna Mala bemerkt hatte, daß ich den Mahout gelegentlich zurechtwies. Er war anfangs recht grob mit ihr umgegangen, bis ich ihn schließlich dazu brachte, daß er die Stahlspitze nicht mehr verwendete. Es ist üblich, daß man sie den Tieren in eine empfindliche Stelle hinter dem Ohr stößt, um sie anzutreiben oder zu strafen, – etwa wie die Sporen bei einem Pferd.

Die Mahouts haben immer wieder behauptet, daß sie dieses Züchtigungsmittel brauchen, »weil der Elefant sonst immer den leichteren Weg geht und faul wird«.

Ich war nicht der Ansicht, daß ein so erfahrenes Tier wie Ratna Mala nach mehr als 50 »Dienstjahren« so eine Zurechtweisung noch nötig hatte. Im Camp habe ich dann selbst probiert, sie – barfuß – mit Druck und Gegendruck hinter den Ohren zu dirigieren. Sie tat mir den Gefallen, tatsächlich richtig zu reagieren, ja ich bekam sogar den »Rückwärtsgang« hinein.

Die Katscharies waren überrascht, daß sich ein Branchenfremder für die Lenkung dieses Viertonners interessierte, und sie amüsierten sich königlich über meine Bemühungen. Sie gestanden mir sogar zu, daß ich bei meinem Talent nach ein bis zwei Monaten in der Lage sein könnte, mit Ratna Mala allein in den Dschungel zu reiten. Doch das hätte mir nicht viel geholfen, denn schließlich wollte ich ja vom Rücken des Elefanten filmen, und so ein Tausendsassa, beides zugleich zu tun, bin ich denn doch nicht. Außerdem war ich gar nicht sicher, ob mich ein anderer Elefant überhaupt als Führer akzeptiert hätte. Es war ja durchaus möglich, daß mich Ratna Mala nicht blamieren wollte, weil sie mich in diesen beschaulichen Lagertagen so ins Herz geschlossen hatte.

Die wilde Jagd der Urgewalten

Ich fuhr von meiner Bambuspritsche hoch. Irgend etwas hatte meinen Schlaf gestört. War es ein Erlebnis im Traum gewesen oder ein ungewohntes Geräusch aus dem Dschungel?

Die Leuchtzeiger meiner Uhr standen auf fünf, draußen im Lager war es totenstill. Durch die Ritzen der Strohwand stahl sich das erste Dämmerlicht des neuen Tages.

Was hatte mich aufgeweckt? Irgend etwas stimmte im Lager nicht . . . Es dauerte noch einige Augenblicke, bis mir bewußt wurde, daß es die unheimliche Stille war, die mich beunruhigte. Es fehlten die monotonen Freßgeräusche der Lagerelefanten, das leise Rasseln der Ketten, mit denen sie angebunden waren. Kein Ton war zu hören.

Ich spähte durch die Strohwand. Die Umrisse der Kolosse waren deutlich zu erkennen, sie standen wie versteinert im Morgengrauen, sie kauten nicht einmal mehr. Bewegungslos hingen die Grasbüschel in ihren Rüsseln. Sogar ihre sonst rastlos pendelnden Schwänze waren zum Stillstand gekommen. Alle hatten sich in die Richtung des undurchdringlich dunklen Dschungels gewandt.

Plötzlich ertönte von dort einer der unheimlichsten Laute, die ich je gehört habe: es war ein schriller, die Nerven lähmender, durchdringender Trompetenstoß.

Die Bambuspritsche, auf der ich immer noch unschlüssig saß, bebte. Das Geräusch, das darauf folgte, erinnerte an ein Donnergrollen aus dem Innersten eines riesigen Leibes, der wie ein gewaltiger Resonanzkasten wirkte.

Schlagartig wurde mir klar, daß es solch ein Trompetenstoß gewesen sein mußte, der mich aus dem Schlaf gerissen, unsere Lagerelefanten zum Erstarren gebracht und jeden anderen Laut im Dschungel verstummen lassen hatte. Noch bevor ich von der Pritsche springen konnte, brach die Hölle los.

Aus allen Richtungen in unmittelbarer Nähe erschollen jetzt urwelthafte Trompetenstöße. Unsere zahmen Kunkis antworteten nun ebenso wie die frischgefangenen Elefanten mit derselben Lautstärke und zerrten an ihren Seilen und Ketten.

Ich war starr vor Schreck und konnte mich auch dann noch nicht bewegen, als aus dem Dschungel die massigen Leiber wilder Elefanten brachen. Fünf – sechs – zehn, mehr und mehr. Holz splitterte, Elfenbein blitzte und im nächsten Augenblick rollte eine wilde Herde wie eine dunkle, mächtige Flutwelle in unser Lager. Die ununterbrochenen Trompetenstöße erinnerten an Verzweiflungsschreie, es waren durch Mark und Bein gehende Schmerzausbrüche. Sie machten mir unmißverständlich bewußt, daß hier soeben jenes gefürchtete Drama begonnen hatte, das der Alptraum aller Elefantenfänger ist.

Elefantenmütter waren auf der Suche nach ihren entrissenen Kindern, verzweifelt, verstört, unberechenbar, tobend, schäumend und mit einem Mut, der alle angeborene Vorsicht vergessen ließ – einzig und allein getrieben vom Urinstinkt der Mutterliebe.

Ein weibliches Tier, offensichtlich die Leitkuh, hatte meine Hütte erreicht, aber im selben Augenblick, in dem ich die Zerstörung meiner Strohbehausung erwartete, drehte sie in die Richtung der festgezurrten Jungelefanten ab. Die unmittelbare Todesgefahr brachte endlich Leben in meine Glieder. – Ich sprang von der Pritsche und hatte nur noch einen Gedanken: Raus aus dem Lager! Weg von der Herde! Hinauf auf einen Baum!

Ich riß die angelehnte Strohmatte vom Türrahmen und rannte beinahe in das Hinterteil eines riesigen Elefantenbullen, der mit den Vorderbeinen wild den Boden bearbeitete und Staubwolken aufwirbelte. Nichts wie zurück in die Hütte! Sie war meine einzige Deckung – leider eine sehr dürftige.

Draußen zerrissen immer heftigere Trompetenstöße die kühle Luft in der Morgendämmerung und das dumpfe Grollen schwoll mehr und mehr an. Der Boden zitterte – das ganze Lager bebte – es war, als ginge die Welt unter. Noch nie in meinem Leben war ich mir so winzig und so hilflos vorgekommen. Todesangst trieb mir den Schweiß aus allen Poren. Vor dem Hütteneingang wuchtete der Elefantenbulle seine Vorderbeine immer noch in den Boden und ich starrte in Panik auf die rettenden Urwaldriesen, von denen die langen Lianen wie Kletterseile mir entgegenlachten – doch der Weg dorthin war versperrt ...

Wo waren die Katscharies? Wo die Elefantentrainer? Was war aus der Handvoll Lagerhelfer geworden? Ich sah zwar ihre Hütten, die erstaunlicherweise immer noch standen, doch von den Männern war nichts zu sehen. Dafür sah ich nun mehr als ein Dutzend Elefanten, die alle mit erhobenen Rüsseln trompetend durch das Lager irrten, gelegentlich innehielten, um sich dann mit einer Behendigkeit, die ich ihnen nie zugetraut hätte, ruckartig zu drehen und in eine andere Richtung zu stürmen. Vom trockenen Lagerboden, den viele Elefantenfüße innerhalb von Monaten spiegelglatt getreten hatten, wirbelten, – die Sicht erschwerend, – dichte Staubwolken auf. Noch standen wie durch ein Wunder alle Hütten – ja, die wilde Herde schien sich Mühe zu geben, trotz ihrer großen Erregung unseren primitiven Gras- und Strohgebilden auszuweichen.

Dann krachte es an der Rückseite meiner Hütte, die Wände zitterten. Staub – Ruß und Strohteilchen rieselten aus dem dürren Grasdach. Ich war auf das Schlimmste gefaßt – war das nun das Ende?

Doch dann zwängte sich zwischen meiner Hütte und dem Bullen der massige Leib einer Elefantenkuh an meinem Ausgang vorbei. Die Graswand bog sich fast halbkreisförmig und dem Bersten nahe, doch sie hielt stand und federte in ihre alte Position zurück, sobald der riesige Körper sich vorbeigeschoben hatte.

Die Elefantenkuh rannte nun zielstrebig mit erhobenem Rüssel auf die festgebundenen Jungelefanten zu und blieb ruckartig vor dem Jüngsten stehen. Sie tastete den kleinen Elefanten vorsichtig ab, als ob sie sich nicht ganz sicher wäre, daß sie gefunden hatte, was sie suchte. Vielleicht war es der menschliche Geruch, der dem Kleinen anhaftete, der sie etwas zögern ließ – doch dann schlang sie ihren Rüssel um die Brust des jungen Elefanten und versuchte ihn an sich zu reißen.

Schrill schrie der Kleine auf. Sie ließ los und suchte nun die Seile an den Beinen, zerrte daran – ohne Erfolg. Die daumendicken drei- und vierfachen Seile waren an schweren Holzpflöcken fest verankert, die tief in die Erde getrieben waren. Nach mehreren vergeblichen Versuchen mit ihrem Rüssel die Seile zu lockern, fing sie nun an mit dem rechten Vorderbein auf den Holzstrunk zu schlagen und hatte ihn in wenigen Augenblicken soweit gelockert, daß es ihr nun gelang, das Holz aus der Erde zu reißen. Das junge Tier strampelte daraufhin mit dem freigewordenen Bein so heftig, daß der Holzpflock mehrere Male durch die Luft wirbelte und abwechselnd den Jungelefanten und seine verzweifelte Mutter traf.

Bei den anderen festgezurrten Tieren mußte Ähnliches vor sich gehen. Ich konnte es zwar wegen der vielen Elefantenleiber nicht genau erkennen, doch unter den Trompetenstößen der wilden Herde hörte ich auch die dünnen, schrillen Aufschreie der kleinen Elefanten, denen die Seile schmerzhaft in die Beine einschnitten, wenn die Mütter versuchten, sie gewaltsam zurück in die Freiheit zu zerren.

Plötzlich krachte ein Schuß, gefolgt von einem zweiten. Die Trompetenstöße erstarben und jede Bewegung kam zum Stillstand. Doch nur für ein paar Sekunden – dann brach erneut und – falls das überhaupt möglich war – noch lauter als zuvor die Hölle los. Zwei, drei Elefanten, darunter auch ein Bulle mit schweren Stoßzähnen stürmten auf den Dschungel zu, während die »Mütter« mit noch größerer Hektik versuchten, ihre Jungen zu befreien.

Wieder donnerten zwei Schüsse durch das Lager und ihr Echo hallte zurück vom Dschungelrand auf unsere Lichtung. Die Schüsse kamen von der Hütte der Katscharies. Sie hatten mit ihrer alten Schrotflinte durch das Dach gefeuert. Stroh flog auf und Rauch stieg gegen den Himmel.

Mein Colt! Aber natürlich – wo war mein Colt? Erst jetzt dachte ich zum erstenmal an den schweren Revolver unter der Pritsche. Mit zittrigen Händen suchte ich ihn in meinem Gepäck. Alles andere geriet mir in die Finger, bevor ich ihn endlich hervorgekramt hatte.

Während ich noch am Boden kniete, feuerte ich die Trommel gegen das Strohdach leer. Der Bulle am Eingang schoß nach vorne, das registrierte ich noch, bevor der Staub meine Sicht versperrte.

Wieder durchstöberte ich mein Gepäck, bis ich die Munitionsschachtel gefunden hatte. Ich begann die Waffe nachzuladen, während draußen die Weltuntergangsstimmung noch immer nicht nachließ. Ich war immer der Meinung gewesen, daß ich im Umgang mit meinem Colt eine große Routine hätte und daß das Nachladen eine Sache von Sekunden wäre. Doch diesmal schien es mir eine Ewigkeit zu dauern, bis ich die sechs leeren Hülsen aus der Trommel gestoßen und die neuen Patronen eingeschoben hatte.

Drüben krachten zwei weitere Schüsse gegen den Himmel und ohne die Situation im Lager erneut zu prüfen, ballerte ich gegen die Decke meiner Hütte, bis die Trommel wieder leer war.

Nachladen – Trommelfeuer – Nachladen – Trommelfeuer.

Ich weiß nicht mehr, wie oft ich es wiederholt habe. Der Lauf meines Revolvers war jedenfalls so heiß, daß ich ihn nicht mehr berühren konnte. Ähnlich muß es den Katscharies mit ihrer Schrotflinte ergangen sein, denn in immer kürzeren Abständen hörte ich ihre Schüsse. Dann, zum erstenmal seit Beginn des

Dramas, schien das Trompeten der Elefanten schwächer zu werden.

Ich raffte mich auf, um durch die Strohwand meiner Hütte zu spähen. Von der wilden Herde war nichts mehr zu sehen . . .

Dort aber, wo ich einen leeren Platz erwartete, ja im Innersten meines Herzens erhofft hatte, standen noch immer sämtliche Jungelefanten. Sie hatten zwar das eine oder andere Bein mit Hilfe ihrer Mütter freibekommen und zerrten nun an den verbliebenen Fesseln – doch zur Befreiung hatte es nicht gereicht. Alle hatten sich in die Richtung des Dschungels gedreht, von wo die Herde gekommen und wohin sie auch wieder verschwunden war. Die kurzen schrillen Laute der kleinen Elefanten, die aus ihren erhobenen Rüsselchen kamen, hatten mit Trompetenstößen nichts gemein – es waren Schreie, jämmerliches Weinen, so wie Kinder bisweilen nach ihren Müttern schreien . . .

Ein Gedächtnis wie ein Elefant

Am liebsten wäre ich hinübergegangen, hätte ihre Seile gelöst und sie auf den Weg zu ihren Herden geschickt. Doch vorerst blieb ich wie die Katscharies in meiner Hütte. Ich hatte auf einmal kein Bedürfnis mehr, irgendwelche Bäume zu erklimmen, denn die Hütte hatte mir das Leben gerettet – nicht ein einziges Mal war sie das direkte Ziel eines Elefantenangriffs gewesen. Im Gegenteil, die aufgeregten, tonnenschweren Kolosse hatten sich alle Mühe gegeben, ihnen auszuweichen.

So hatte ich mir das anfangs keineswegs vorgestellt, denn ich war am Beginn des ganzen Tumultes der festen Meinung gewesen, daß unsere Hütten niedergetrampelt würden, und wir mit ihnen. Ich war überzeugt, daß es sich um eine Art »Rachefeldzug« der Elefanten handelte, die es neben der Befreiung ihrer Jungen vor allem auf uns abgesehen hatten, um uns einen Denkzettel zu verpassen und uns zu bestrafen. Ich hatte mich gottlob geirrt.

»Elefanten vergessen nie,« ist doch eine altbekannte Spruchweisheit und Anekdoten über dieses sprichwörtliche Gedächtnis gibt es viele in der Elefantenliteratur. Als Kind schon hat mir jene Geschichte über den Schneider besonders gut gefallen, an dessen Fenster eines Tages ein Zirkuselefant vorbeikam und ihm den Rüssel entgegenstreckte, in der Hoffnung auf ein Stück Zucker. Statt dessen stach der boshafte Schneider dem bettelnden Tier mit einer Nadel hinein, was der Elefant mit einem Aufschrei quittierte.

Jahre später kam derselbe Zirkus wieder in die Stadt und derselbe Elefant kam am Fenster des besagten Schneiders vorbei – doch nicht etwa, um wieder ein Stück Zucker zu betteln, sondern um eine alte Rechnung zu begleichen: Beim Stadtbrunnen hatte er seinen großen Rüssel mit Wasser gefüllt und fegte damit den Schneider und sämtliche fertigen und halbfertigen Kleidungsstücke einfach vom Fenster der Werkstätte weg.

Weitaus schlimmere Auswirkungen hätte der Überfall auf das Lager haben können. Denn wenn ich versucht hätte, einen Baum zu erklimmen, wäre es durchaus möglich gewesen, daß ich schon vorher unter den Beinen, oder vielmehr unter den Knien und der Brust eines Elefanten geendet hätte. Elefantenkenner in Indien, die gelegentlich Zeugen solch tödlicher Begegnungen gewesen sind, sagen übereinstimmend aus, daß selbt ein in Rage geratener Elefant seine menschlichen Opfer nie mit den Sohlen seiner Füße zertrampelt hat, wie man sich das so vorstellt.

Elefanten sind viel zu sehr um ihre Füße besorgt. Sie lassen sich meistens auf ihre Knie nieder und drücken das Opfer mit ihrer Brust in die Erde, bis kein Fünkchen Leben mehr zu spüren ist. Angeschossene, angreifende Tiger sind von den berühmten Jagdelefanten Indiens fast immer auf solche Art getötet worden; wobei der Rüssel des Elefanten hoch in die Luft gehoben wurde, um auf diese Weise einer äußerst schmerzhaften Verletzung zu entgehen.

Nicht nur Elefantenjäger und -fänger haben eine berechtigte Angst vor wildgewordenen Elefantenherden. Fast täglich liest man in den indischen Zeitungen Nachrichten über Zusammenstöße zwischen Menschen und Dickhäutern: »Elefanten terrorisieren Teeplantagen«, heißt es da etwa, oder: »Elefanten-Überfall vertreibt Hirten«.

Daß solche Meldungen heute häufiger vorkommen als früher, hat nicht etwa mit der zunehmenden Bösartigkeit der wilden Elefanten zu tun, sondern hängt damit zusammen, daß die Menschen immer weiter in den Urwald eindringen. Besonders in Assam und Bengalen wurden riesige Dschungelgebiete gerodet, um Teeplantagen anzulegen.

Diese Plantagen liegen an vielen Stellen in Gebieten, die seit Jahrtausenden Elefantenpfade waren. Die Herden folgen ihnen nach altem Brauch in den richtigen Intervallen, da sie zu Futterplätzen und Tränken führen. Auch wenn die Herden versuchen, neue Pfade zu finden, ist das oft nicht möglich, weil die Verbindungen durch die neuen Siedlungen abgeschnitten sind. Die provisorischen Hütten der Plantagenarbeiter, die auf solchen Routen liegen, sind besonders gefährdet, wenn eine hungrige oder durstige Herde daherstürmt.

Zwei Unarten der Elefanten machen die Lage der dschungelnahen Siedler noch gefährlicher: Der Geruch von gekochtem Reis lockt die Herden an, sie neigen dann zum »Mundraub«, wobei auch die dünnen Wände der Hütten kein Hindernis bedeuten.

Die andere Unart ist schon eher ein Laster: Die Elefanten haben eine Neigung zum Alkoholismus. Da in manchen Gegenden Indiens Prohibition besteht und Spirituosen nur unter staatlicher Kontrolle hergestellt und sehr teuer verkauft werden dürfen, verstecken sich viele Schwarzbrennereien am Rande des Dschungels. Die Elefanten riechen den Schnaps aber meilenweit und fühlen sich davon magisch angezogen. Von solch einer Schnapsbrennerei bleibt dann meist überhaupt nichts übrig. Die Tiere saugen den Fusel bis zum letzten Tropfen aus, randalieren dann ganz nach Menschenart und zerlegen die Einrichtung in ihre Bestandteile. Wer dabei in ihre Nähe kommt, wird oft ganz versehentlich totgedrückt.

Die Silvesternacht 1975 wird mir für immer unvergeßlich sein: Als Mitternachtseinlage kam statt des Feuerwerks eine wilde Herde und trampelte meine Hütte zum Teil nieder. Ich konnte gerade noch flüchten und hatte zudem das Glück, daß auch mein Gepäck nur wenig Schaden gelitten hatte. So konnte ich am nächsten Tag die Herde mit der Kamera verfolgen – sie graste friedlich am Flußufer, das wahrscheinlich auch ihr Ziel gewesen war. Meine Hütte muß wohl genau auf ihrem Trampelpfad errichtet worden sein. Bosheit oder Zerstörungswut war sicher nicht im Spiel gewesen. Auch Schnaps hatte ich, trotz Neujahrsnacht, nicht bei mir gehabt.

Von einer »Elefantenplage« wird auch im nordindischen Bundesstaat Uttar Pradesh, gesprochen, wo sich durch besondere Schutzbestimmungen die Elefanten in den letzten Jahrzehnten stark vermehren konnten. Die Einwohner dieses dichtbesiedelten Gebietes, deren Plantagen verwüstet werden, haben natürlich eine andere Einstellung zu dem Problem, als die Tierschützer, die sich über diese Entwicklung freuen.

Ein Elefant stirbt an »gebrochenem Herzen«

»Wenn ein Elefant zu Boden stürzt, steht er nie wieder auf,« sagen die Katscharies. Sie sprechen aus einer tausendjährigen Erfahrung mit diesen Tieren, die ihnen auch Erkenntnisse über Verhaltensweisen vermittelt hat.

Das heißt natürlich nicht, daß sich ein Elefant nicht wieder aufrappeln würde, wenn er etwa auf glitschigem Boden ausrutschte (was sehr selten ist). Diese Volksweisheit kommt aus der Beobachtung, daß sich ein Elefant nie zur Erholung hinlegt. Er ruht und schläft im Stehen. Sogar wenn er krank ist, bleibt er stehen – so lange er kann. Erst wenn ihn die Kräfte verlassen, gibt er auf und geht zu Boden, wie ein geschlagener Kämpfer. Dann aber erhebt er sich nie wieder.

Ich hatte diese Behauptung schon oft am Lagerfeuer der Elefantenleute gehört und nicht recht gewußt, ob sie wirklich zutrifft. In Assam, wie überall in der Welt, vermischen sich alte Weisheiten gern mit Aberglauben. Schließlich gibt es ja inzwischen eine moderne Tiermedizin, von der die alten Katscharies keine Ahnung hatten.

Als aber eines Morgens, nur wenige Meter von meiner Hütte entfernt, eine junge Elefantenkuh zu Boden stürzte, hatte ich ganz instinktiv das Gefühl, daß die Katscharies recht hatten: Ich hörte es richtig krachen, und das Tier blieb schwer atmend auf der Seite liegen.

Wie war es zu dem Drama gekommen?

Der Mann, der die Elefantenjagd finanzierte, hatte den Auftrag gegeben, möglichst auch einen größeren, etwa 18 bis 20 Jahre alten Elefanten zu fangen. Das ist zwar viel schwerer, als Junge zu fangen, aber es gibt dafür auch besondere Prämien. Für den Besitzer hat ein älterer Elefant den Vorteil, daß er ihn nicht erst jahrelang hochpäppeln muß, bis er ihn als Kunki zum Jagen einsetzen kann, außerdem sind die in der Wildnis aufgewachsenen Tiere stärker und schneller, als die früher gezähmten. Man braucht zwar etwas länger, einen zwanzigjährigen wilden Elefanten zu zähmen, aber die Weibchen, die meist gefügiger sind, bewähren sich dann oft als sehr gute und umsichtige Fangtiere.

Daß der Fang erwachsener Tiere problematisch ist, zeigt schon die Regel der Katscharies, daß man sie nur in der kalten Jahreszeit fangen soll. Der Grund dafür ist, daß dann Wunden leichter heilen als im Sommer. Man rechnet also im vorhinein damit, daß ein so starkes Tier beim Fang oder während der Dressur verletzt werden kann, weil es sich viel heftiger zur Wehr setzt.

Die Elefantenkuh, die die Männer auftragsgemäß fingen, war ganz besonders widerspenstig. Ihr Freiheitsdrang war so stark, daß schon ihr Transport ins Lager nicht ohne brutale Gewalt abging. Im Lager fesselte man sie dann mit extrastarken Seilen an Vorder- und Hinterbeinen, aber sie versuchte Tag und Nacht, sich von diesen Fesseln zu befreien. Sie verweigerte jede Nahrung und jeden Kontakt mit den Menschen und scheuerte sich in der Hoffnung, in den Dschungel zurückzukehren, die Beine an den Seilen immer mehr auf. In diesen tiefen Wunden entstand schließlich eine schwere Infektion, die sich unaufhörlich weiterfraß.

Natürlich hätte das Tier freigelassen werden müssen, als zu erkennen war, daß es sich jeder Zähmung mit solch wilder Kraft widersetzte. Doch der Auftraggeber war zu stolz auf diesen wertvollen Fang, um zuzugeben, daß er ein Fehlschlag war. Er lebte ja auch nicht im Lager und konnte das Ausmaß dieser Tragödie gar nicht richtig erkennen.

Als man die Entzündung bemerkte, rief man den Besitzer. Er hoffte zwar auf die bekannte Zähigkeit der Elefanten, ließ schließich aber doch von weither einen Tierarzt kommen. Dieser war der Ansicht, die Infektion könne mit einer antiseptischen Salbe behoben werden. Die Betreuer haben die Behandlung sehr gewissenhaft durchgeführt, doch die Elefantenkuh wurde nicht gesund, sondern immer apathischer.

Als sie nicht mehr an den Seilen zerrte, war der Grund nicht ihr nachlassender Freiheitsdrang, sondern ihre zunehmende Schwäche. Sie verweigerte nämlich immer noch die Fütterung, nur Wasser nahm sie zu sich, wenn sie jeden Morgen zwischen zwei Kunkis gefesselt, zum Fluß geführt wurde. Ob das ein Rest von Selbsterhaltungstrieb war, oder das Wasser für sie akzeptabel schien, weil es nicht aus Menschenhand kam, kann ich nicht beurteilen.

Da ein solches Maß an Widerstand nur ganz selten vorkommt, glaubten die Betreuer immer noch, sie werde schon zu fressen beginnen, sobald sie etwas genesen wäre. Als sie dann aber vor meiner Hütte zusammenbrach, riefen die Betreuer entsetzt: »Oh, Gott, nun muß sie sterben!«

Sie sollten recht behalten: am Nachmittag war das tapfere

FARBTAFEL 7

Tier tot, wir alle mußten mitansehen, wie ihr Lebensfunke erlosch.

Für einen Wissenschaftler war die Todesursache wahrscheinlich die Infektion. Den Elefantenkennern aber war klar, daß das schöne und starke Tier an gebrochenem Herzen gestorben war. Für sie ist es eine Tatsache, daß Elefanten nach einem großen seelischen Schmerz – das kann auch der Tod eines Gefährten oder Heimweh sein – einfach nicht mehr weiterleben wollen.

Alle im Lager waren sehr bedrückt. Es scheint, daß eine solche Tragödie nicht oft vorkommt. Die Elefantenjäger kennen uralte Totenlieder für ihre Lieblinge und die stimmten sie an, als sie in einiger Entfernung vom Lager eine Grube für die tote Elefantenkuh aushoben. Mir war nicht klar, wie man das Tier dorthin schaffen sollte. Sie aber hatten beschlossen, daß Ratna Mala diese Aufgabe übernehmen sollte.

Es war eine herzzerreißende Szene, wie Ratna Mala die tote Elefantenkuh an einem Seil zu ihrem Grab schleppte und sie – ohne irgendein Kommando – mit dem Kopf in die Grube schob. Alle Elefantenmänner sahen diesem Begräbnis mit tiefer Trauer zu und weinten ehrliche Tränen dabei. Ihr Betreuer warf den Stock, das Tuch und die Medikamente, mit denen er ihre Wunden vergeblich zu heilen versucht hatte, in die Grube. Dann deckte Ratna Mala das Erdreich darüber.

Dieser Anblick – Elefant begräbt Elefant – war für mich von einer symbolischen Tragik, weil mir klar wurde, wie wenig Überlebenschancen diese schönen und noblen Tiere in unserer heutigen Welt haben, in einer nur auf Nutzen ausgerichteten Zivilisation, die den Lebensraum der Elefanten immer weiter einengt.

Müssen die sanften Kolosse sterben?

Eine Studie des » World Wild Life Funds« kam zu einem erschütternden Ergebnis: Allein in den tropischen Wäldern stirbt TÄGLICH MINDESTENS EIN TIER AUS!

Die fortschreitende Zivilisation bringt es mit sich, daß wir die Vielfalt der Kreaturen nach und nach ausrotten: Durch Insektizide, Gifte, Jagd, Veränderungen und radikale Eingriffe in die Natur, oder nur einfach durch die unentwegte Vermehrung der Menschheit, die Zersiedelung und die Industrieverschmutzung.

Im dritten vorchristlichen Jahrtausend gab es in Indien noch etwa gleichviel Elefanten wie Menschen. Heute leben in Indien 700 Millionen Menschen, und nur noch etwa 10.000 Elefanten.

Durch immer mehr Siedlungen und Plantagen wird der Dschungel immer wieder zurückgedrängt und ganze Urwaldgebiete verschwinden von der Landkarte. Da die Elefanten einen sehr großen Lebensraum brauchen, kommt es zu Zusammenstößen der Tiere mit den Menschen, die in ihr Gebiet eindringen, weil die Straßen der Menschen die Wege der Elefanten abschneiden. In Südindien fordert die Bevölkerung, daß die Elefanten wieder zum Abschuß freigegeben werden, damit man sich gegen die immer häufigeren »Übergriffe« der Dickhäuter wehren könne, die doch nur eine Reaktion auf Eingriffe des Homo sapiens sind.

Wo die Welt der Elefanten stirbt, stirbt auch der Elefant. Ich fürchte, daß die Weichen in diese Richtung bereits gestellt sind und viele Experten sind derselben Ansicht.

Zwar werden von den Indern in letzter Zeit Anstrengungen unternommen, ihr Symboltier vor dem Aussterben zu bewahren. Man versucht, Reservate und Naturschutzgebiete zu schaffen und vor der Zerstörung durch die Zivilisation zu schützen. Aber das Umdenken in unseren Ländern im Hinblick auf Umweltschutz hat in der Dritten Welt noch nicht begonnen. Zu sehr ist man wegen des niedrigen Lebensstandards noch auf Industrialisierung versessen, steuert also erst auf jenes Ziel zu, das zu erreichen auch uns lange Zeit als der alleinige Weg zur Glückseligkeit erschienen ist.

Das verständliche und berechtigte Interesse eines so armen Landes wie Indien, Exportgüter zu produzieren, läuft oft frontal gegen die Interessen der Naturschützer. Assam, das Bundesland mit den meisten Elefanten, ist gleichzeitig das Land, das 50 Prozent der indischen Tee-Ernte liefert. Natürlich werden immer mehr Plantagen angelegt. Sie fressen sich gnadenlos in die Dschungelgebiete, in das Land der Elefanten. Mir ist da eine tragikomische Episode in Erinnerung, die einen gewissen Symbolcharakter innehat: Von einem frischgerodeten Gebiet führte eine neugebaute Straße tief in den Dschungel. Ein alter übellauniger Eremitenbulle war über diese Schneise in sein Revier so erzürnt, daß er Nacht für Nacht die strahlend weiß gestrichenen Begrenzungssteine der Straße mit seinem Rüssel herausriß und wie Bauklötze in der Gegend verstreute. Dieses Sabotagewerk betrieb er über mehrere Kilometer. Natürlich konnte er mit dieser rührend-sinnlosen Aktion nicht wirklich den Vormarsch der Zivilisation bremsen, aber er hatte sich wenigstens tapfer dagegen gestemmt. Meine Sympathien gelten ihm, auch wenn er schließlich doch weichen mußte.

Dennoch hoffe ich, daß man diesen noblen, wunderbaren, sanften Kolossen eine Chance und den Platz läßt, auf ihre urwelthafte Art weiterzuleben.

Überleben im Dschungel

Tote Tiger küßt man nicht . . .

Vom Schaudern in der Nacht . . .

Im Schlaf, wenn die Kobra kommt . . .

Rendezvous in der Schlangengrube . . .

Wenn man einen Python am Schwanz zieht . . .

Weltpremiere: Ein Rudel, eine Meute und eine Rotte . . .

Aus der Dschungelapotheke geplaudert

Nur für einen Augenblick war ich unachtsam gewesen – doch dieser Moment hätte mich beinahe das Leben gekostet.

Ich machte damals Jagd auf Flugwild und hatte mir von meinen einheimischen Begleitern einige günstige Stellen zeigen lassen. Plötzlich preschte eine Herde Antilopen vorbei. Um sie besser beobachten zu können, lief ich rasch eine kleine Anhöhe hinauf.

Da bemerkte ich, aus dem Augenwinkel, schräg hinter mir eine rasche Bewegung und hörte einen Aufschrei. Ich schnellte herum – eine Kobra! Sie hatte sich aufgerichtet, kaum zwanzig Zentimeter von mir entfernt. Auf mich allein gestellt, hätte ich keine Chance gehabt. Doch einer meiner Begleiter war hinter mir hergelaufen und schlug mit seinem Stock schreiend auf die Giftschlange ein, bevor sie noch zubeißen konnte.

Ich machte aus dem Stand einen Riesensatz zur Seite. Während ich fühlte, wie mir der Schreck in alle Glieder fuhr, schlug der Inder das Reptil tot.

Was für ein Lehrstück! Ich war durch die Wildnis gelaufen, ohne auf meine Umgebung zu achten. Dabei hatte ich eine Kobra aufgescheucht und ihre Giftzähne waren so dicht vor mir gewesen, daß mir keine Chance zur Flucht geblieben wäre. Ich war mir darüber im klaren, daß ich dem Tod in die Augen geschaut hatte: in die seltsam starr und kalt blickenden Augen einer Giftschlange.

Man nimmt immer ein Risiko in Kauf, wenn man in den Dschungel geht. Aber man kann das Risiko in Grenzen halten, wenn man vorsichtig ist und Erfahrung hat. Den Zwischenfall mit der Kobra kann ich rückblickend nur als grenzenlosen Leichtsinn bezeichnen. Dabei war ich damals kein Anfänger mehr, sondern schon so manches Jahr in den Dschungeln Indiens unterwegs gewesen.

War es die Gewöhnung, die mich abgestumpft, war es der tägliche Umgang mit der Gefahr, der mich gleichgültig gemacht hatte? Der heilsame Schreck, der mir damals in die Glieder fuhr, hat mich wieder vorsichtig werden lassen. Es ist unmöglich, längere Zeit im Dschungel zu überleben, ohne ständig auf der Hut zu sein und alle seine Sinne anzuspannen. Ich kann heute nicht mehr rekonstruieren, wie oft ich während all der Jahre in Südostasien in gefährlichen Situationen gewesen bin. Meist hatte ich zwar eine Handfeuerwaffe dabei, aber sie diente mehr der Beruhigung, als daß sie ein richtiger Schutz gewesen wäre. Daß ich ohne ernsthafte Blessuren überlebt habe, verdanke ich meiner Vorsicht, meiner Erfahrung und meinem Glück.

Ich vergebe mir nichts, wenn ich hier gestehe, daß mir in meinem Dschungeldasein viele Male der Angstschweiß ausgebrochen ist, ja, daß ich sogar geschlottert habe vor Angst. Wenn einer sein Leben lang immer wieder echter Gefahr ausgesetzt gewesen ist, bildet er sich nicht mehr ein, ein unerschrockener Held ohne Furcht und Tadel zu sein.

Es mag vielleicht paradox klingen, wenn ich hier anfüge, daß Angst für mich einen besonderen Stellenwert hat – daß der Nervenkitzel, den sie hervorruft, für mich eine Art Lebenselixier ist. Ich spüre in der Erinnerung noch heute das Prickeln, das mich wie ein Schauer durchlief, wenn ich in Gefahr geriet. Und ich bin mir bewußt, daß ich in solch einer Situation um nichts in der Welt mit irgend jemandem hätte tauschen wollen, der sich zur selben Zeit in sicherer Geborgenheit aufhielt. Ich habe ungezählte Male vor Angst geschwitzt, ich kenne das Gefühl der echten Todesangst – aber in irgendeiner Weise habe ich die dadurch erzeugte Spannung fast immer genossen.

Wenn ich diese Zeilen lese, stellt sich mir die Frage, ob mir wohl der eine oder andere eine abnormale Veranlagung unterstellt. Ich verstehe nichts von Psychologie, aber ich bin überzeugt, daß es sicherlich eine geistreiche Erklärung für dieses

Phänomen gibt. Allgemein gebräuchlich ist doch die Redewendung, daß einer mit seinem Leben spielt: Die Betonung liegt dabei auf Spiel; aber es ist ein Spiel mit dem höchstmöglichen Einsatz.

Bin ich also eine Spielernatur, ein Hasardeur? Ich bin zwar schon in so manchem Spielkasino gewesen, in verschiedenen Teilen der Erde sogar, zum Spaß. Ich hatte dabei noch nie das Glück, zu gewinnen – aber ich habe auch noch nie mehr verloren, als ich von vornherein abgeschrieben hatte. Ich glaube nicht, daß sich eine echte Spielernatur so beherrscht verhalten könnte.

Warum also genieße ich das Gefühl der Angst? Zwar hat es auch im Dschungel genügend Situationen gegeben, in denen ich froh war, wenn sie möglichst schnell vorübergingen. Aber im allgemeinen bewirkt die Angst in mir ein gesteigertes Lebensgefühl, das selbst ein alltägliches Geschehen zum Erlebnis werden läßt.

Das Konzert von 1001 Vogelstimme

Viele lassen sich anfangs durch die Schönheit der Wildnis über die dort lauernden Gefahren hinwegtäuschen.

Es gibt Tage im Dschungel, die so völlig windstill sind, daß man glaubt, ein jedes Blatt zu hören, das vom Baum fällt. Manchmal weht aber auch ein starker Wind und der ganze Dschungel bewegt sich wie in Wellen; an diesen Tagen geht es sehr geräuschvoll zu.

Ein starkes Erlebnis ist ein Tropensturm. Es ist nicht etwa kalt, der Wind ist warm, der Regen ist warm. Die Blitzschläge kommen so kurz hintereinander, daß man gar keine Pause merkt. Und der Donner rollt, manchmal länger als eine Stunde ohne Unterbrechung. Solch ein Unwetter ist sehr beeindrukkend, besonders wenn man es mit einem unserer Gewitter vergleicht. Auch darum ist der Dschungel so ganz anders als alles, was wir unter freier Natur verstehen.

Am Morgen hebt ein Konzert von tausenden Vogelstimmen an, das einen sofort in eine fröhliche Stimmung versetzt. Freilich gibt es nicht nur unter den Menschen, sondern auch unter den Vögeln solche Nervensägen, die nicht singen können, es aber trotzdem mit Hingebung tun. In Indien sind es die Dschungelhähne, die in aller Frühe mit ihren Krähversuchen beginnen. Ich sage »versuchen«, weil es ihnen nämlich nicht gelingt. Es wäre diesen Urvätern unserer Haushühner dringend zu empfehlen, bei unseren Gockeln Gesangsunterricht zu nehmen, damit sie endlich richtig krähen lernen. Wenn man sie so gräßlich krächzen hört, kommt einem der Schrei eines heimischen Hahns geradezu melodisch vor.

Die Fröhlichkeit am Morgen hat ihre Ursache auch in einer gewissen Erleichterung darüber, daß man es im Dunkel der Nacht nicht mit einer Giftschlange, einem Skorpion oder einem unangenehmen Insekt zu tun bekommen hat. Vor größeren Tieren hatte ich eigentlich weniger Angst, denn die Nacht über waren unsere Elefanten rund um das Camp angebunden und bildeten eine Art Schutzwall – zumindest in jenen Monaten, in denen ich mit den Katscharies unterwegs war. Diese »Wagenburg« gab mir ein sicheres Gefühl, denn die Tiere hätten Alarm geschlagen, wenn etwa ein Raubtier oder eine Herde wilder Wasserbüffel in die Nähe gekommen wären. War ich hingegen auf Jagd und vielleicht sogar allein unterwegs, dann war alles ganz anders; doch darauf werde ich noch zurückkommen.

Neben den Dschungelhähnen waren es die feinen Stimmen der vielen kleinen Sänger, die den Morgen ankündigten. Und natürlich der Krawall, den die »hornbills« veranstalteten – bei uns werden sie, wenn ich richtig informiert bin, wegen ihrer riesigen Hornschnäbel als Nashornvögel bezeichnet. Sie werden als Früchtefresser beschrieben; ich habe aber Aufnahmen gemacht, die diese Vögel dabei zeigen, wie sie Echsen und Schlangen als Futter in ihre Nester bringen, wo ihre Weibchen gerade brüten.

Diese Schilderung des Vogelkonzerts an einem jener taufrischen Dschungelmorgen sollte jedoch niemanden auf den Gedanken bringen, daß man die Wildnis ganz problemlos, gewissermaßen vom Fenster eines Nobelhotels aus kennenlernen kann. Man muß sich schon entschließen, die Zivilisation für eine Weile hinter sich zu lassen. Diese Form des einfachen Lebens ist freilich nicht jedermanns Sache. Es bedarf zunächst einmal der richtigen Einstellung und dann einer langen Anpassung, bis man hier kärglich und primitiv seine Tage fristen kann, immer dem Unbill der Natur ausgesetzt.

Wenn ich in meinen Anfangsjahren im Dschungel wieder einmal ein Stück Boden gesäubert und mich auf meiner Decke ausgestreckt hatte, habe ich bisweilen weit zurückgedacht, an eine Zeit, als ich noch ein blutjunger Bursche war. Es war im Jahre 1945, irgendwo an der Oder. Die Russen hatten einen Brückenkopf ausgebaut und wir lagen ihnen gegenüber, in zwei drei Schützengräben hintereinander.

Es war Ende März oder Anfang April, es war kalt, es war naß und überall war Schlamm. Wir hungerten, denn die Essensträger waren schon seit Tagen nicht mehr zu unserer vorderen Linie durchgekommen. Vielleicht 50 oder 100 Meter vor uns hatten sich russische Scharfschützen in abgeschossenen Panzern eingenistet und hielten unsere Stellungen nicht nur tagsüber, sondern mit Hilfe von Leuchtkugeln auch während der Nacht unter ständigem Beschuß. Wir hörten die Essensträger schreien, wenn sie getroffen worden waren. Helfen konnten wir ihnen meist nicht, wir durften ja buchstäblich nicht einmal die Nase aus unseren Löchern hinausstrecken.

Sicherlich waren es die schlimmsten Tage meines Lebens – aber es war auch eine Lektion im Überleben. Ich habe gelernt, auch in der scheinbar aussichtslosesten Lage nicht aufzugeben. Im Dschungel ist mir diese Erfahrung zugute gekommen. Und war es auf dem Schlachtfeld die schier unerträgliche Kälte, die mir so sehr zu schaffen gemacht hatte, so war es in der »grünen Hölle« die Hitze. Zu meiner Verblüffung mußte ich feststellen, daß es auf dasselbe herauskommt, ob man, wider Willen ungenügend bekleidet, der Kälte, oder aber, absichtlich nur mit dem Notwendigsten angetan, der Hitze ausgesetzt ist: Extreme

Temperaturen stellen immer eine ungeheure Belastung dar, was sich vor allem in Gefahrensituationen nachteilig auswirkt.

Im Dschungel trug ich wegen der Hitze meist kurze Hosen. Natürlich wird man an den Beinen zerkratzt und zerstochen, nach einigen Wochen sah ich immer ziemlich ramponiert aus. Ich habe heute noch große Narben an Schenkeln und Waden. Sie stammen von Kratzern und Stichen, die sich später verunreinigten und Infektionen hervorriefen.

Tote Tiger küßt man nicht

Mit Stiefeln wäre ich sicherlich besser dran gewesen, aber damit habe ich in anderer Hinsicht schlechte Erfahrungen gemacht. Ich hatte einmal, in den Anfängen, welche dabei. Weil man aber immer wieder ins Wasser steigen muß und sumpfigem Gelände häufig nicht aus dem Wege gehen kann, waren die Stiefel überhaupt nie mehr richtig getrocknet und binnen kurzer Zeit verschimmelt.

Fußbekleidung aus Leder, das hatte ich zur Kenntnis nehmen müssen, ist für derartige Expeditionen absolut untauglich. Ich habe es daraufhin wie die Inder gemacht und Segeltuchschuhe angezogen, die bis zum Knöchel hinaufreichen. Man nimmt zwei oder drei Paar mit, wenn man durch ein Sumpfgebiet oder durch einen Fluß marschiert ist, hängt man die Schuhe einfach zum Trocknen auf und zieht ein anderes Paar an. Überdies ist es am Morgen überall feucht vom Tau, so daß man schon dadurch gezwungen ist, ständig die Fußbekleidung zu wechseln.

Wenn ich in Gegenden zu tun hatte, in denen es viele Blutegel gab, habe ich mich sogar in Sandalen bewegt. Dadurch konnte ich jederzeit sehen, ob sich diese Tiere irgendwo an den Beinen angesaugt hatten, und sie entfernen. Wenn man aber Schuhe anhat, merkt man nicht, wenn sie hineinkriechen, man blutet an vielen Stellen und holt sich vielleicht zusätzlich noch eine Infektion. Diese Gefahr besteht vor allem dann, wenn man diese Quälgeister unvorsichtigerweise mit Gewalt entfernt. Auf jeden Fall können sie einem das Leben zusätzlich schwermachen.

Eine andere Plage stellen die Zecken dar, von denen es insbesondere in Bambusdschungeln geradezu wimmelt. Man muß sich am ganzen Körper regelmäßig absuchen, ob nicht welche angebissen haben. Denn es kann vorkommen, daß dieses Ungeziefer die Erreger der Gehirnhautentzündung überträgt. Ich erinnere mich an ein amerikanisches Ehepaar, das zur Tigerjagd nach Indien gekommen war. Tatsächlich gelang es den beiden nach langen Wochen, einen Tiger abzuschießen, und die Frau war so außer sich vor Freude darüber, daß sie das tote Raubtier umarmte und küßte.

Nun muß man aber wissen, daß viele Tiere im Dschungel von Zecken bevölkert sind, Tiger sind fast immer übersät davon. Die Amerikanerin hatte sich zwar, nachdem sie ihre Beute lange genug umhalst hatte, die Zecken von den Händen, von den Armen, vom Hals heruntergeklaubt. Sie hatte aber übersehen, daß sich einer der Holzböcke zwischen ihren Schulterblättern festgesaugt hatte. Sie bekam Fieber und kein Mensch konnte ihr helfen, weil die nächste Klinik mehrere Tagesreisen weit entfernt war. Sie starb noch im Lager und als ihr Mann in die USA zurückflog, lag im Gepäckraum der Maschine nicht nur ein wunderschönes Tigerfell, sondern auch seine tote Frau in einem Sarg.

Wenn ich ein Raubtier erlegt hatte, habe ich es immer selber aus der Decke geschlagen, wie das Häuten in der Jägersprache genannt wird. Zu diesem Zweck habe ich nur eine Badehose angezogen, denn auf diese Weise konnte ich feststellen, ob ich von Zecken befallen worden war, und diese sofort entfernen. Man wird im Dschungel also mehr gepeinigt, als einem lieb ist, und alles das bei zermürbenden Temperaturen.

Ich kann mich im Sommer an Temperaturen von über 45 Grad im Schatten erinnern. In der Nacht kühlte es zwar ab, es war etwas angenehmer, aber immer noch sehr heiß. Bei aller meiner Liebe zum Dschungel, die Nächte haben mir oft gewaltig zu schaffen gemacht. Ich konnte nicht richtig schlafen und hatte keine Möglichkeit, mich zu regenerieren. Schon nach kurzer Zeit war ich dann so erschöpft, daß ich mich untertags manchmal gerade noch auf den Beinen halten konnte.

Auch die Moskitos haben mir in diesen Nächten oft schwer zu schaffen gemacht. Tagsüber bleibt man ja von ihnen verschont, aber in den späten Nachmittagsstunden fallen sie in Schwärmen über Mensch und Tier her. Die einzige Möglichkeit, sich vor ihnen zu schützen, ist ein Moskitonetz. Aber darunter ist es noch heißer, noch dumpfer, man glaubt, nicht mehr richtig atmen zu können, fast so schlimm wie in einem Zelt. Ich bin immer wieder unter dem Netz hervorgekrochen, habe mir, falls Wasser in der Nähe war, einen Guß über den Kopf geschüttet, habe mich dann wieder darunter gelegt – und so ging das abwechselnd die ganze Nacht hindurch. Meist hat dann auch noch das eine oder andere dieser Biester ein Schlupfloch zu mir herein gefunden und mich endgültig um den Schlaf gebracht. Dann lag ich fluchend unter der lästigen Bedeckung, oder stand mit fuchtelnden Armen vor meiner Lagerstätte, in jedem Fall sehnte ich den Morgen herbei, mit brennenden Augen und sogar zu müde zum Gähnen.

Überhaupt sind die Nächte da draußen jenes Dschungelerlebnis, an das ich mich am wenigsten gewöhnte. Ich habe im Laufe all der Jahre, in denen ich irgendwo auf dem Boden übernachtet habe, nie jenen tiefen Schlaf gefunden, den man zur Erholung braucht – auch dann nicht, wenn es sich angenehm abgekühlt hatte. Lag ich doch ständig mit einem Ohr, oder wenn ich so sagen darf, mit einem Auge, wach. Bei der kleinsten Bewegung, bei dem leisesten Geräusch in meiner Umgebung fuhr ich hoch. Das ist Übungssache. Nach einiger Zeit ist man imstande, zu schlafen und doch gleichzeitig wach zu sein.

Vom Schaudern in der Nacht

Die Geräusche im Dschungel bei Nacht unterscheiden sich völlig von jenen, die man den ganzen Tag über hört. Wenn das Licht der Dunkelheit weicht, vollzieht sich auch ein akustischer

Wechsel. Die Tagesvögel verstummen, die ersten Nachtvögel lassen sich vernehmen. Auch das Summen der Insekten hat sich verändert.

Dieser ausgeprägte Übergang wird von den metallenen Schlägen der Nachtschwalbe eingeleitet. Diese Vögel haben einen äußerst leisen Flug, wenn sie mit ihren kurzen, breiten und weitgeöffneten Schnäbeln über die Dschungelpfade schweben, um Insekten zu fangen. Sie können einem knapp am Kopf vorbeifliegen, ohne daß man sie hört, man sieht nur einen lautlosen Schatten vorbeihuschen.

Die Geräusche der größeren Tiere lernt man sehr schnell unterscheiden, schon aus Selbsterhaltungstrieb. Wenn man die Alarmrufe der Hirsche hört, kann man daraus schließen, daß ein Großraubtier in der Nähe ist. Aber auch wenn Hyänen und Schakale unterwegs sind, erschrecken die Hirsche, Gazellen oder Antilopen. Die warnenden Signale der Gejagten bilden eine eindrucksvolle Geräuschkulisse. Die ganze Ursprünglichkeit der Natur liegt darin, ihre großartige Grausamkeit: Der Dschungel lebt, weil seine Bewohner sterben. Ein Schauder überrieselte mich fast jedes Mal, wenn ich auf meinem Lager in die Nacht hineinlauschte, wo das Drama des Fressens und Gefressenwerdens seinen unabwendbaren Verlauf nahm.

Ich selbst hatte mich zu schützen gewußt. Bei den Katscharies waren es die bulligen Leiber der Elefanten rund um das Lager, die mir ein Gefühl unbedingter Sicherheit gaben. Sonst aber gab es fast überall Dornen, und dieses Gestrüpp türmte ich einen halben oder einen Meter hoch zu einem breiten Wall um meinen Schlafplatz auf. Jedes Raubtier würde es sich sehr genau überlegen, da hineinzusteigen. Außerdem konnte ich damit rechnen, daß ich in diesem Fall durch die Geräusche gewarnt würde.

Ich habe mich während meiner Zeit im Dschungel nie vor großen Tieren oder Raubtieren gefürchtet, sofern ich nicht gerade hinter einem menschenfressenden Tiger her war. Es war vielmehr das kriechende Getier, das mir Kummer machte. Kein angenehmes Gefühl, wenn ich mich niederlegte und dabei denken mußte, daß ein Skorpion, eine große Spinne, oder eine Schlange auf die Idee kommen könnte, mir einen Besuch abzustatten. Sehr wirksam ist es, wenn man Petroleum dabei hat und es im Kreis um das Lager herum ausgießt. Falls irgendwelches Kleinzeug sich nähert, wird es durch den Geruch auf seinem Weg gestoppt. Ich habe beobachtet, daß auch Ameisen wieder abdrehten. Ich konnte es ihnen nachfühlen, denn ich empfand es selbst als große Unannehmlichkeit, während der Nachtruhe den Petroleumgestank in der Nase zu haben. Deshalb habe ich dann auch die Petroleumflasche meist zu Hause »vergessen«.

Ich hatte auf meinen Expeditionen fast immer eine Decke oder eine Zeltplane dabei, um sie auf dem Boden ausbreiten zu können. Aber auch aus Laub läßt sich eine sehr angenehme Liegestatt herstellen. Großen Wert habe ich immer darauf gelegt, ein Leintuch darüberzulegen. Und zwar nicht aus einem snobistischen Bedürfnis heraus, sondern weil ich auf dem weißen Untergrund erkennen konnte, ob da etwas angekrochen kam. Wenn ich einmal gestochen oder gebissen worden wäre, hätte ich feststellen können, was für ein Tier mich angegriffen hatte; ohne Leintuch wäre das nicht möglich gewesen.

Auch eine Hängematte habe ich gelegentlich mit mir geführt und auch das eine oder andere Mal darin übernachtet. Ich mußte aber feststellen, daß es sich dabei um ein äußerst fragwürdiges Nachtquartier handelt. Ich hatte während meiner unruhigen Dschungelnächte das Gefühl, wie ein Fisch im Netz zu zappeln. Es ist mir sogar passiert, daß sich bei einer Drehbewegung das ganze Netz mitgedreht hat und ich herausgefallen bin. Dabei hatte ich schon mit dem Gedanken gespielt, die Hängematte so hoch in den Bäumen aufzuhängen, daß ich oberhalb der Moskitogrenze gewesen wäre. Dort hätte ich dann womöglich ungestört und gut geschlafen, so tief vielleicht, daß ich gar nichts von meiner ungeschickten Drehung gemerkt hätte – na, und dann wäre ich eben aus einer Baumkrone gepurzelt. Ein unrühmliches Ende, sich sozusagen im Schlaf das Genick zu brechen.

So lag ich also auf meinem Leintuch, vor mich hindösend und ständig auf dem Sprung. Ich jagte Moskitos, goß mir bisweilen Wasser über den Kopf oder über die vom Tagesmarsch angeschwollenen Füße. Den Trägern erging es nicht viel anders, auch sie litten unter der Hitze, was bedeutet, daß sich auch die Einheimischen nicht daran gewöhnen können.

Zu einer anderen Jahreszeit oder auch in anderen Gegenden Indiens kühlt es nachts zwar ab, aber da hat man sich dann mit anderen Schwierigkeiten herumzuschlagen. Beispielsweise kann der Tau so stark sein, daß alles, was nicht abgedeckt ist, am Morgen völlig durchnäßt ist. Besonders die Fotoausrüstung mußte deshalb immer gut verpackt werden. Man kann es sich in unseren Breiten einfach nicht vorstellen, daß die Tautropfen von den Bäumen regelrecht herunterplatschen.

Um dieser Traufe zu entgehen, habe ich folgenden Trick ersonnen: Ich habe abends nach Bäumen Ausschau gehalten, die einen schrägen, mehr liegenden als stehenden Stamm hatten. Darunter habe ich dann mein Nachtlager aufgeschlagen. Es war ein wohliges Gefühl, wenn ich es rings um mich tropfen hörte, während ich selber im Trockenen lag.

Nachts, wenn die Kobra kommt

Kein Trick und keine Sicherheitsmaßnahme kann einem aber im nächtlichen Dschungel die Garantie bieten, daß man vor Schlangen verschont bleibt. Manche Giftschlangen sind in der Nacht besonders aktiv, ich erwähne nur die Kobra und die Krait, auf deren Konto die meisten Schlangentoten in Indien gehen. Es fürchtet sich dort eigentlich auch jeder vor diesen Reptilien, wie ich meine, völlig zu Recht, denn sie sind schon wegen ihres leisen und heimlichen Gebarens eine stete Bedrohung.

Es ist ja leider keine gruselige Erfindung, daß Schlangen sich schlafenden Menschen nähern. Sie suchen die Wärme, und der lebende Organismus hat selbst in tropischen Nächten eine höhere Temperatur als der Boden. Bekannt sind die Schilderungen, wonach sich Giftschlangen auf dem Körper von Schlafenden zusammengerollt haben. Wenn der Betroffene erwachte, lag er oft stundenlang wach, ohne sich zu rühren, denn die geringste Bewegung kann genügen, um eine Schlange zum Zubeißen zu reizen.

Solch ein mehrstündiges Rendezvous mit einem giftigen Reptil, bei dem man nicht einmal richtig zu atmen wagt, kann einem – wie es in der Umgangssprache so schön heißt – den Nerv töten. Es bleibt die Frage offen, ob diese kleine Ewigkeit voll Todesangst aber nicht doch einem ahnungslosen Tiefschlaf vorzuziehen ist, bei dem man sich irgendwann einmal bewegt und dann gebissen wird. Um in der Umgangssprache zu bleiben: Am nächsten Morgen wachst du dann auf und siehe da, du bist tot . . .

Natürlich werden solche anheimelnden Geschichten auch abends am Lagerfeuer erzählt, und während man sich in der Nacht schwitzend hin- und herwälzt, fallen sie einem wieder ein. Obwohl es sich keineswegs um Ammenmärchen handelt und Todesfälle durch Schlangenbisse gar nicht selten sind, hatte ich ebenso wie die meisten Einheimischen nie ein Serum bei mir und häufig gab es im Umkreis von Hunderten von Kilometern keinen Arzt und keine Klinik. Es herrscht da ein gewisser Fatalismus, den man auch als Europäer bald übernimmt. Dieser Fatalismus, den man bei uns wohl als Galgenhumor bezeichnen würde, ist nicht unbegründet, wie durch folgende Geschichte charakterisiert wird:

Ein Expeditionsteilnehmer läßt sich von einem einschlägigen Institut ein Schlangenserum schicken. Bei der Lektüre der umfangreichen Gebrauchsanleitung wird er zusehends niedergeschlagener. Denn er muß zur Kenntnis nehmen, daß viele Leute auf dieses Gegenmittel, das von Pferden gewonnen wird, überempfindlich reagieren und daß diese Allergie sogar einen tödlichen Schock auslösen kann. Man kann also durch Verabreichung eines Schlangenserums vom Leben zum Tode kommen, selbst wenn der Biß gar nicht tödlich war.

Es ist daher nötig, vor der Anwendung Versuche anzustellen. Man verabreicht sich kleinere und, falls man diese verträgt, größere und immer größere Mengen der Substanz. Als unser Expeditionsteilnehmer sich klar geworden war, was er alles anstellen mußte, um sich im Ernstfall vielleicht helfen zu können, faßte er einen heroischen Entschluß. Er sagte sich: Wenn mich eine Schlange beißt, dann lehne ich mich lieber zurück und sterbe wie ein Mann!

Zu einem ähnlichen Entschluß bin auch ich irgendwann einmal gekommen. Gott sei Dank wurde meine Männlichkeit nicht auf diese Weise auf die Probe gestellt, obwohl ich unterwegs vielen Schlangen begegnet bin. Oft wußten nicht einmal die Einheimischen, ob sie gefährlich waren. An einen eindrucksvollen Schlangenbesuch im Lager der Katscharies kann ich mich noch lebhaft entsinnen, glücklicherweise zu einer Zeit, als wir noch wach am Lagerfeuer saßen: Die Kobra, die da gemächlich unterwegs war, erkannte sogar ich. Einer der Männer enthauptete sie schnell, damit sie sich gar nicht erst als Stammgast fühlen konnte und uns einmal im Schlaf besuchte. Welch eine Vorstellung, werden Sie sagen!

Wenn man an dieses Problem rein gefühlsmäßig herangeht, wird man zum Nervenbündel. Deshalb habe ich versucht, es rational zu betrachten. Ich habe mir eingeredet, meine Chancen stünden tausend zu eins und das sei ja ein ziemlich gutes Verhältnis. Im Laufe der Jahre habe ich mich dann tatsächlich auf den Boden im Dschungel hingelegt und mir keine Gedanken mehr gemacht.

Möglicherweise war diese Gleichgültigkeit mit daran schuld, daß ich, wie ich zu Beginn dieses Kapitels erzählt habe, einmal fast von einer Kobra gebissen worden wäre. Wie nachlässig man im Umgang mit diesen Reptilien wird, illustriert ein Erlebnis, das ich hatte, als ich einen Film über Schlangen drehte.

Ich wollte Nahaufnahmen machen und stieg zu diesem Zweck in eine Schlangengrube in der Schlangenfarm von Madras. In der von einer hohen Betonmauer umgebenen Grube hielten sich zwischen Sträuchern und Bäumen drei- bis vierhundert Schlangen auf, giftige und ungiftige bunt durcheinander. Rundherum standen die Zuschauer dicht an dicht, denn Schlangen üben auf die Inder eine große Faszination aus.

Rendezvous in der Schlangengrube

Da krochen sie in allen Richtungen über den Kies, lagen zusammengerollt unter den Sträuchern, hingen von den Ästen der Bäume. Es war eine urgemütliche Versammlung, die mich da empfing. Einige der Reptilien waren erregt, weil sie bemerkten, daß sich hier etwas Ungewohntes abspielte. Ich hatte eine Kettenviper besonders ins Auge gefaßt, weil diese Art wegen ihrer Aggressivität noch gefährlicher ist als etwa die Kobra. Das beinahe armdicke Reptil hatte sich aufgerichtet und biß im Kriechen wütend links und rechts in die Luft. Ich war froh, daß ich außer Reichweite ihrer hakenförmigen Zähne war, die so konstruiert sind, daß bei einem Biß kein Tropfen Gift danebenläuft.

Als das erzürnte Biest hinter einem Busch verschwunden war, legte ich mich mit meiner Kamera der Länge nach auf den Boden. Die besten Schlangenaufnahmen gelingen dann, wenn man diese Kriechtiere aus ihrer eigenen Perspektive filmt und fotografiert. Ich war gerade dabei, eine auf mich zukriechende Schlange aufzunehmen, als ich an meinem rechten Bein eine Berührung spürte und die Zuschauer warnende Rufe ausstoßen hörte. Doch es war schon zu spät: Ich fühlte, wie sich eine Schlange in mein Hosenbein hineinbewegte. Sie tat es ganz gemächlich, während ich meine Kamera abrupt fallen ließ. Jetzt war guter Rat teuer.

Ich spürte das Reptil an der Wade und dachte, es sei an der Zeit zu handeln, bevor es in die Nähe des Unterleibes kam. Ganz langsam und mit unendlicher Behutsamkeit erhob ich mich, um den ungebetenen Gast nicht zu reizen. Jeden Augenblick mußte ich damit rechnen, gebissen zu werden. Als ich schon fast stand, merkte die Schlange, die inzwischen meinen

Oberschenkel erreicht hatte, daß es nicht mehr waagrecht, sondern nach oben weiterging. Offenbar irritierte sie das etwas, denn sie begann sich auf den Rückweg zu machen. Ich rührte mich nicht und starrte mit aufgerissenen Augen auf die Öffnung meines Hosenbeins, um endlich zu erfahren, was für eine Schlange mich mit ihrem intimen Besuch beehrt hatte. Es schien mir unendlich lange zu dauern, bis endlich unten bei meinen Turnschuhen der Kopf des Reptils auftauchte. Vorsichtig sah es nach allen Seiten und kroch dann langsam aus meinem Hosenbein heraus und davon.

Es war eine Wasserschlange, die zwar sehr gern zubeißt, aber nicht giftig ist. Ich kann mich nur zu gut daran erinnern, weil ich früher einmal solch eine Schlange eingefangen habe. Ich hatte sie ein bißchen zu weit hinter dem Kopf erwischt, sie drehte sich blitzartig um und biß mich in den Unterarm. Dort hat sie sich richtig verbissen, so daß es einige Zeit brauchte, bis es mir gelang, ihr die Schnauze aufzusperren und mich zu befreien. Wenn mir das in der Schlangengrube in Madras passiert wäre, hätte ich nichts zu lachen gehabt. Ich war erleichtert, daß der Vorfall so glimpflich abgelaufen war und engagierte für die weiteren Aufnahmen einen Wärter, der am Rande der Grube sitzen und mich warnen mußte.

Dieser Mann gehörte zum Schlangenfängerstamm der Irulas, die sehr erfahren im Umgang mit den Reptilien sind. Dennoch habe ich während meines Aufenthalts zweimal erlebt, wie einer von ihnen gebissen wurde. In dem einen Fall war der Irula hinuntergestiegen, um das Wasser aus der Wasserstelle zu pumpen. Plötzlich fuhr aus dem Tümpel eine Kobra heraus und biß ihn ins Bein. Er wurde sofort in einen Jeep geladen und in das zwei Kilometer entfernte Hospital gebracht. Obwohl er innerhalb der ersten Minuten Serum gespritzt bekam, hat er einen Dauerschaden zurückbehalten. Er konnte kaum mehr gehen, hatte eine Lähmung im Gesicht und ständige Zuckungen am ganzen Körper. Der zweite Irula, der während meiner Anwesenheit gebissen wurde, hat besser auf das Serum angesprochen.

Es gibt in Indien in jedem Jahr immer noch etwa 10.000 Schlangentote. Die meisten gehen auf das Konto von Giftschlangen. Angeblich ist aber auch die Zahl jener, die am Biß eines ungiftigen Reptils sterben, nicht unerheblich. Ich selbst war einmal Zeuge eines solchen Falls. Ein Kind saß auf einer jener Mauern, durch die dort die Grundstücke voneinander getrennt sind. Das Mädchen plauderte mit den anderen und ließ die Beine herunterbaumeln. Zwischen den losen Steinen aber war eine Schlange versteckt und als der Fuß zu nahe an die Mauer heranschlenkerte, biß die Schlange zu und ließ nicht mehr los.

Auf den Aufschrei des Mädchens liefen Umstehende hinzu und schlugen die Schlange tot. Es war eine zwei Meter lange Rattenschlange, eine bekannt bissige Art, die aber keine Giftzähne hat. Dennoch lag das Mädchen im Koma und obwohl alles Nötige zu seiner Rettung getan wurde, starb es innerhalb weniger Stunden. Ich nehme an, daß der Schock das Kind getötet hat. Aber durch das Dorf ging es wie ein Lauffeuer, daß Schlangengift die Ursache gewesen sei. Schlange und Gift ist für viele Inder einfach identisch. Deshalb ist auch der Schock bei den meisten von ihnen so stark, daß er zum Tode führen kann, selbst wenn sie von einer ungiftigen Schlange gebissen werden.

Man möchte es nicht für möglich halten, daß die Menschen in einem Land, in dem die Schlangen sozusagen zu Hause sind, so erstaunlich wenig über sie wissen. Fast alle fürchten sich vor ihnen, einige wenige verehren sie, doch die Mehrzahl kann eine Giftschlange nicht von einer ungiftigen unterscheiden.

Auf jeden Fall üben diese Reptilien in sicherer Verwahrung eine große Anziehungskraft auf die Inder aus. Sie umlagerten die Schlangengrube, in der ich filmte und waren über mein Tun offenbar fassungslos erstaunt. Die Biester da unten hatten natürlich bemerkt, daß in ihrem Reich etwas los war und sie kamen, um nach dem Rechten zu sehen. Sie krochen wild um sich beißend an mir vorbei oder auf mich zu, und zeitweise bedurfte es einer Beinarbeit, die einem Boxer alle Ehre gemacht hätte, um aus ihrer Reichweite zu kommen. Wenn ich einen Blick auf die Gesichter am Rande der Grube erhaschte, glotzten sie mich mit einer Mischung von Erstaunen und Entsetzen von oben an. Sensationsgier war sicher auch dabei, denn der eine oder andere hat sicherlich damit gerechnet, daß ich gebissen würde – und das wollte er sich denn doch nicht entgehen lassen. Da sind sich viele Menschen wohl sehr ähnlich.

Die guten Schlangen mit dem tödlichen Biß

Am meisten gefürchtet werden die Kettenvipern. Während die vergleichbar giftigen Kobras eher dazu neigen, vor einem Menschen zu flüchten (sofern man nicht beinahe auf sie drauftritt), greifen die Kettenvipern an. Sie beißen immer wieder, etwa in Höhe der Oberschenkel, wütend zu. Und um noch einmal beim Vergleich mit der Kobra zu bleiben: Bei dieser sind die Giftzähne so konstruiert, daß der Gebissene vielleicht eine Chance hat, weil ein Teil des Giftes danebenlaufen kann. Bei den langen, hohlen Giftzähnen der Kettenviper hingegen erreicht jeder Tropfen das Ziel. Wenn das Serum nicht sofort zur Hand ist, kann der Tod nicht verhindert werden.

Ich bin mehrere Male beim Fang einer Kettenviper dabeigewesen. Häufig findet man sie in verlassenen oder nur noch teilweise bewohnten Termitenhügeln. Der Fänger muß mit äußerster Vorsicht zu Werk gehen, denn sonst kann es ihm passieren, daß er von der Viper regelrecht angesprungen wird. Zunächst stöbert er mit einem langen Stecken in den Löchern. Er merkt sofort, wenn er fündig geworden ist, denn es ertönt ein Zischen und Fauchen, das ich wirklich nur mit einer Bezeichnung wie »schrecklich« oder »fürchterlich« charakterisieren kann. Mit einem Metallhaken wird sie dann meistens herausgeholt. Wenn sie der Fänger dann hinter dem Kopf packt, muß er fest zufassen, denn die Viper hat viel Kraft und kann leicht aus der Hand rutschen.

Zwei andere Giftschlangen sind bei weitem nicht so groß und

kräftig wie Kettenviper und Kobra. Die Krait wird nicht einmal einen Meter lang und ist eher zierlich. Einige Spielarten sind sehr, sehr giftig. Der Biß schmerzt kaum, die Wunden sind kaum zu sehen und schwellen auch nicht gleich an. Wenn es Stunden später doch dazu kommt, ist es meistens schon zu spät und keine Hilfe mehr möglich. Glücklicherweise ist der Krait nicht angriffslustig. Deshalb gilt er ebenso wie die Kobra in Indien als »gute Schlange«.

Dann gibt es noch eine kleine Viper, auf deren Konto vermutlich die meisten Todesfälle in Indien gehen. Sie heißt im Englischen »Sidewinder«, weil sie sich eigenartig seitlich dahinwindet. Sie ist ungeheuer aggressiv und fünfmal giftiger als eine Kobra. Zudem sieht man sie nicht so leicht. An Angriffslust übertroffen wird sie wohl nur von der freilich ungiftigen Rattenschlange. Wenn diese einmal zugebissen hat, läßt sie fast nicht mehr los. Falls sie sich am Hals oder Gesicht festbeißt, ist das auch ohne Gift überaus gefährlich. Eine Rattenschlange ist ein respektabler Gegner, denn sie kann bis zu drei Meter lang werden und ist auch entsprechend muskulös und kräftig.

Ein Erlebnis besonderer Art hatte ich einmal mit einer Riesenschlange. Ich ging mit einem Freund am Ufer des Ramganga entlang, um Barben zu fischen. Stellenweise ragten Steine aus dem Wasser, so daß ich nahe dem Ufer von einem Stein zum anderen springen konnte. Als ich wieder einmal gelandet war und gerade weiterhüpfen wollte, wurde ich plötzlich an der Ferse gepackt:

Einer der »Steine« war der Kopf eines Pythons gewesen, den er ein wenig über Wasser gehalten hatte, gleich neben jenem echten Stein, auf den ich gesprungen war. Ich erkannte die Situation auf den ersten Blick und machte mit aller Kraft einen gewaltigen Satz. Pythons haben sehr viele, sehr scharfe Zähne in mehreren Reihen. Dennoch kam ich frei, denn das Segeltuch meiner Schuhe riß an beiden Seiten auf.

Nach dem Sprung ans Ufer drehte ich mich um und sah das riesige Tier im winterlich klaren Wasser liegen. Offenbar hatte es dort auf ein Reh oder ein Wildschwein gelauert, die zur Beutekategorie der Python zählen. Wenn ich meinen Fuß nicht aus seinem Rachen gerissen hätte, wäre er wohl mir auf den Leib gerückt, um mich zu umschlingen und zu erdrücken – wenn ich auch sehr bezweifle, daß ihm das gelungen wäre.

Als mein Freund auf mein Rufen angelaufen kam, hatte die Riesenschlange den Kopf unter Wasser gesteckt und machte den Versuch, sich abzusetzen. Ich packte sie beim Schwanz und zog das rund sechs Meter lange Tier langsam aus dem Wasser. Das war deshalb möglich, weil in Indien das Wasser der Flüsse an den Wintermorgenden sehr kalt ist, und sich erst tagsüber erwärmt; aus diesem Grund war der Kaltblütler nicht gerade quicklebendig. Er drehte wohl langsam den Kopf und dieser kam auf mich zu, aber da ließ ich den Schwanz wieder los. Der Python drehte den Kopf nach vorne und versuchte, wegzuschwimmen. Das Spiel wiederholte sich, bis ich ihn an Land gezogen hatte. Ich habe ihn fotografiert und dann wieder ins Wasser zurückkriechen lassen, wo er mit der Strömung davonschwamm.

Wieviel Kraft hat ein Python?

Die Situation war zwar keineswegs lebensgefährlich gewesen, sie hätte aber sehr unangenehm werden können. Andererseits war mein Freund in der Nähe, und falls mich der Python umschlungen hätte, wäre er mir mit seinem Fischermesser zu Hilfe gekommen – möglicherweise hätte er der Schlange den Kopf abschneiden können.

Ich bin nicht überzeugt davon, daß eine Riesenschlange einen erwachsenen Menschen erdrücken kann. Und ich habe auch noch nie gehört, daß in Indien ein Mensch von einem Python auf diese Weise getötet worden ist. In Spielfilmen ist das freilich alles ganz anders . . .

Wäre das Tier nicht im kalten Wasser, sondern an Land gelegen, vielleicht sogar in der Mittagssonne, so hätte ich von meinem munteren Spielchen Abstand genommen. Denn dann sind diese scheinbar trägen Kraftprotze unvorstellbar schnell und können blitzartig zupacken. Immerhin kann schon ein »kleiner« Python von drei Meter Länge mit einem einzigen Vorwärtsschlag einen bis eineinhalb Meter überbrücken. Der Biß ist sehr schmerzhaft, er kann damit einen ordentlichen Fetzen Fleisch aus einem Körperteil herausreißen. Wenn man in der Halsgegend oder gar an der Schlagader erwischt wird, kann es sicherlich lebensgefährlich werden, auch wenn einen die Riesenschlange nicht erdrücken kann.

Ich bin einmal nachts durch ein Dschungelgebiet gefahren, als ich im Licht der Scheinwerfer einen riesigen Ast über der Straße liegen sah. Es war zu spät zum Bremsen und bevor der Wagen darüberrollte, sah ich noch die wundervolle Markierung einer Riesenschlange, die ich für einen Ast gehalten hatte. Ich konnte nur noch wahrnehmen, wie der Kopf hochschnellte und schon waren wir drüber weg.

Natürlich blieben wir stehen und gingen zurück. Wir haben in weitem Umkreis alles abgeleuchtet, aber von dem Tier war nichts zu sehen. Wir stellten den Motor ab, um zu horchen, denn wenn ein Lastwagen, noch dazu beladen mit Holz, über ein Lebewesen hinwegrollt, dann darf man wohl annehmen, daß es zumindest verletzt ist. Aber wir hörten den Python weder sich winden noch zucken: Er hatte das Überrolltwerden durch das schwere Fahrzeug einfach weggesteckt und war davongekrochen – soviel zur Zähigkeit und Kraft dieser Tiere.

Übrigens kommt es häufig vor, daß man auf Dschungelstraßen Schlangen sieht, vor allem am Abend. Der Asphalt hält auch nach Sonnenuntergang noch eine ganze Weile die Wärme und zieht dadurch Schlangen an. Auch Giftschlangen natürlich, und das ist der Grund, warum zu dieser Zeit die Menschen gebissen werden. Sie gehen von Haus zu Haus, ohne darauf zu achten, daß die Vipern schon aus dem Busch gekommen sind und es sich auf der Straße gemütlich gemacht haben.

Was mein Abenteuer mit dem Phython im Ramganga anbelangt, so möchte ich noch ergänzen, daß ich zum Schaden natürlich den Spott hatte. Während ich einen ganz ordentlichen

Schrecken abbekommen hatte, machten sich meine Bekannten lustig über mich. Unter Leuten, die Erfahrung im Dschungel haben, wird die Begegnung mit einer Riesenschlange nicht sonderlich ernst genommen.

Doch ich möchte nicht den Anschein erwecken, als ob in der Wildnis hinter jedem Busch und hinter jeder Flußbiegung nichts als Gefahren lauern. Das wäre eine einseitige Darstellung. Wenn ich Bilanz ziehe, muß ich sogar die Feststellung treffen, daß der überwiegende Teil meiner Dschungeljahre undramatisch verlaufen ist.

Von meiner Person einmal abgesehen, geht es in der Wildnis jedoch pausenlos um Leben und Tod. Es ist höchst aufregend, bei Anbruch eines Tages am Ufer eines Flusses entlangzugehen: Wenn man die Spuren studiert, kann man sich ein Bild davon machen, was sich hier in der Nacht alles zugetragen hat. Es ist, als würde man die Morgenzeitung lesen. Mühelos läßt sich erkennen, welche Tiere zur Tränke gekommen sind, die Stellung und die Abstände der Spuren zeigen, ob beispielsweise die Hirsche ruhig oder vorsichtig und nervös waren, ob sie flüchtig geworden sind, weil Raubtiere ihnen aufgelauert haben. Auf den Sandbänken bleiben unübersehbare Spuren zurück, wenn ein Tier von Tigern oder Leoparden gerissen worden ist.

Immer und überall geht es um das Fressen und Gefressenwerden. So lauern in den Flüssen, insbesondere in den Tümpeln ihrer kleinen Nebenarme, die Krokodile auf Beute. Über die Gefräßigkeit dieser urwelthaften Ungeheuer bräuchte ich kein Wort zu verlieren, wenn ich nicht eine sonderbare Beobachtung gemacht hätte. In den gleichen Tümpeln leben gemeinsam mit den Krokodilen auch die Gangesgaviale. Es sind selten gewordene Reptilien aus der gleichen Familie, die ein sehr langes, dünnes, schnabelartiges Maul haben. Als ausgesprochene Fischfresser sind sie für den Menschen ungefährlich. Ihre Zahl geht ständig zurück, und niemand weiß so recht weshalb.

Ich für meinen Teil hege aufgrund meiner Beobachtungen den Verdacht, daß sie von ihren Artgenossen, den Krokodilen dezimiert worden sind. Denn es war auffallend, daß den meisten Gavialen die Spitze ihres Schwanzes fehlte. Als ich diese blutigen oder fleischfarbigen Schwanzstümpfe sah, konnte ich mir das nicht anders erklären, als daß sich in den Dschungelgewässern eine Art von Kannibalismus abspielt: Die Krokodile machen Jagd auf die Schnabelkrokodile, und wenn diese Glück haben, so verlieren sie dabei nur ihren Schwanz, oder einen Teil davon. Wenn sie aber nicht wachsam und schnell genug sind, werden sie von den artverwandten Panzerechsen zerrissen und aufgefressen.

Familie Fischotter klügelt einen Raubzug aus

Um noch ein wenig in den Dschungelgewässern zu verweilen, möchte ich die vielleicht hübscheste Tierbeobachtung schildern, die ich je gemacht habe. Auch sie gelang mir an einem jener Tümpel im Nebenarm eines Flusses. Der Pfuhl war etwa sechs bis sieben Meter breit, an die dreißig Meter lang, und einen Meter tief. Auf der einen Seite rieselte das Wasser über die Kieselsteine herein, auf der anderen bildeten Felsen einen Stau, so daß das Wasser in einem kleinen Fall in das tiefergelegene Flußbett schäumte.

Dort entdeckte ich eine Familie von Fischottern. Das Elternpaar und fünf junge Ottern waren zu einem gemeinsamen Fischzug aufgebrochen. Wie sie das anstellten, schildere ich im Detail.

Sie wanderten an das eine Ende des Tümpels und nahmen dort nebeneinander Aufstellung. Fast möchte ich sagen: sie nahmen ihre Positionen ein, wie bei einem Schwimmwettkampf. Und sie schwammen auch los wie auf ein Kommando. Ich glaube mich nicht getäuscht zu haben, daß das Leittier zuvor nach beiden Seiten geblickt hatte, als wollte es die Startaufstellung und die Startbereitschaft der anderen kontrollieren.

Sie schwammen also los in Richtung Wasserfall und machten dabei einen Riesenkrach: Mit ihren Vorderbeinen wirbelten sie das Wasser auf und erzeugten platschende Geräusche, wenn sie auf der Wasseroberfläche aufschlugen. Sie wirkten wie kleine Kinder, die mit noch ungeschickten Kraulschlägen miteinander um die Wette schwimmen.

Doch bei den Ottern war von Ungeschicklichkeit keine Rede. Als sie nur noch wenige Meter vom anderen Ende des Gewässers entfernt waren, tauchten sie plötzlich unter und kamen kurz darauf seitlich an den Ufern wieder aus dem Wasser. Fast alle hatten einen Weißfisch oder eine kleine Barbe von zehn bis fünfzehn Zentimetern Länge im Maul und verspeisten diese genüßlich. Danach geschah es wieder wie gehabt: Auf die Plätze, fertig, los, heftig platschen, gleichzeitig untertauchen, raus aus der Brühe – und guten Appetit!

Das wiederholte sich vier- oder fünfmal, bis der Tümpel ausgefischt und die Ottern gesättigt waren. Dann bummelten sie gemächlich wie eine Familie auf dem Sonntagsspaziergang flußaufwärts davon, bis sie im Schilf meinen Blicken entschwanden. Ich aber stand da und hielt Maulaffen feil, denn daß Tiere solch eine systematische Treibjagd inszenierten, war mir noch nie untergekommen, ja ich hatte nicht einmal davon gehört. Die Ottern hatten absichtlich Lärm erzeugt, damit die Fische vor ihnen flüchteten und in die Enge getrieben wurden. Ich erachte es als eine erstaunliche Kombinationsleistung, daß sie durch solch einen Trick, ich möchte beinahe sagen, ausgeklügelten Plan, reiche Beute machen konnten.

Ich glaube nicht, daß solch eine Begebenheit schon einmal gefilmt worden ist. Und ausgerechnet in diesem Fall hatte ich meine Kamera nicht dabei. Ich bereue das heute noch und habe mich schon so oft darüber geärgert, wie ich Haare am Kopf habe (was bei meinem Bart einiges heißen will).

Diese kleine Geschichte soll nicht darüber hinwegtäuschen, daß es auch bei dieser bemerkenswerten Jagd ums Töten und ums Fressen ging. Man darf nie außer acht lassen, welche harten Gesetze da draußen in der freien Wildbahn herrschen, und was die Tiere an Leid ertragen müssen. Eine andere kleine Geschichte soll das illustrieren.

Ich war unterwegs zu einem der Wasserlöcher, als ich die aufgeregten Schreie von Papageien hörte. Papageien sind im Dschungel ja immer sehr laut, so daß man sich im Grunde genommen nichts dabei denken muß. Aber diese Papageienlaute hörten sich an wie Hilfeschreie, so daß ich unwillkürlich meine Schritte beschleunigte. Knapp vor dem Wasserloch kam ich zu einem Baum, um den in vier oder fünf Meter Höhe aufgeregt zwei Papageien flatterten. Um den Baumstamm aber hatte sich eine riesige Rattenschlange geschlungen, mit der Absicht, das Nest dieser Papageien auszurauben.

Papageien benützen jene Höhlen in den Bäumen, die beispielsweise von Spechten geschlagen werden. Die Schlange schob ihren Kopf in die Nesthöhle, holte einen kleinen Papagei heraus und verschlang ihn. Die Papageieneltern flatterten gefährlich nahe an sie heran, um sie daran zu hindern. Der Kopf des Reptils schnellte kurz in ihre Richtung und verschwand dann blitzartig wieder in der Höhle, um das nächste Papageienküken zu schnappen. Das wiederholte sich mehrere Male, bis das letzte Opfer verschlungen war. Alle Bemühungen und alles Geschrei hatte den Papageieneltern nichts geholfen, die Schlange hatte ihren Nestraub ausgeführt, war den Stamm heruntergeglitten und davongekrochen.

Das nunmehr kinderlose gefiederte Ehepaar aber flog nicht etwa ins Nest hinein, um zu retten, was vielleicht noch zu retten war. Es war sich augenscheinlich völlig darüber im klaren, daß sein Nest ausgeplündert war. Was taten sie? Die beiden Papageien setzten sich eng nebeneinander auf einen Ast, nahe der Höhle, und ließen buchstäblich die Köpfe hängen. Da saßen sie, eine halbe Stunde lang, und ich mit ihnen, denn ich konnte mich nicht von diesem Ausdruck der Trauer abwenden. Ich hatte Vögeln solch eine starke Empfindung gar nicht zugetraut und war um so mehr davon berührt.

Wie sehr die Angst im Dschungel regiert, wurde mir in jener Zeit besonders deutlich, als ich mit den Elefantenfängern unterwegs war. Selbst die kolossalen Dickhäuter wurden unruhig und aufgeregt, wenn ein Raubtier in unsere Nähe kam. Wir haben das eine und das andere Mal einen Tiger oder einen Leoparden gesehen, die sich bei unserem Anblick in die Büsche schlugen. Raubkatzen und Elefanten gehen einander aus dem Weg, sie wollen nichts miteinander zu tun haben.

Wenn ein Elefant einen Tiger wittert, so ist ihm das nicht etwa gleichgültig. Er dreht den Rüssel in Richtung der Katze und benimmt sich ganz so, als ob er in Gefahr wäre. Wir mußten oft ziemlich lange warten, bis sich die Elefanten entschlossen, ihren Marsch fortzusetzen. Immer wieder sandten sie ihre messerscharfen Trompetenstöße in das Dickicht hinein, eine unmißverständliche Warnung an die Adresse des Tigers, eine Aufforderung, den Weg freizugeben.

Wer ist, so habe ich mich in diesen Situationen gefragt, denn wirklich der Herrscher im Dschungel? Wer wird am meisten gefürchtet, wer hat sich den meisten Respekt verschafft? Der Tiger? Der Elefant? Die Riesenschlange? Oder gar eines dieser mörderisch giftigen Reptilien? Ich habe eines Tages eine sehr überraschende Antwort auf diese Frage bekommen.

Weltpremiere: Ein Rudel, eine Meute und eine Rotte

Ich hielt mich in der Nähe eines Sees auf und hatte diesmal glücklicherweise meine Kamera mit dabei. Zuerst hörte ich Tiere durchs Unterholz brechen, dann sah ich ein Rudel von sieben Sambarhirschen mit blutenden Wunden an Brust und Hals daherkommen. Verfolgt wurden sie von einer Wildhundmeute.

Die asiatischen Wildhunde sind sehr scheue Tiere. Sie sind keine Sichtjäger wie die afrikanischen Wildhunde – diese sehen ein Beutetier und setzen ihm auf den weiten Flächen des afrikanischen Busches nach, bis sie es eingholt haben und reißen können. Die asiatischen Wildhunde hingegen nehmen eine Spur mit der Nase auf und setzen sich auf die Fährte. Nicht etwa in allzugroßer Eile, sondern in einer Art gleichmäßiger Trott – Stunde um Stunde, gnadenlos, in der Nase den Geruch der

Beute, die sie zwar überhaupt noch nicht gesehen haben, für die es aber kein Entrinnen gibt.

Wir haben verhältnismäßig wenig Kenntnisse über diese Tiere, aber es wird ihnen nachgesagt, daß sie sogar einen Tiger reißen können. Wenn zwanzig von ihnen das Großraubtier in eine Ecke getrieben haben, müssen zwar einige Hunde ihr Leben lassen, aber schließlich geht der Tiger zu Boden und wird zerfetzt.

Ich sah mich also das erste Mal in meinem Leben einer Wildhundmeute gegenüber und es gelang mir dabei eine Weltpremiere: Ich drehte die ersten Filmaufnahmen, die je von diesen Tieren gemacht worden sind. Man erkennt darauf die Hirschkühe, die mit ausgestreckten Hälsen stundenlang durch den Dschungel gehetzt worden waren, wobei diese durch Dornen und Gestrüpp zerkratzt und aufgerissen wurden. Sie suchten als letzte Hoffnung Sicherheit im Wasser. Doch die Wildhunde folgten ihnen auch in das nasse Element.

Es war eindrucksvoll zu beobachten, wie die Hirsche mit den Vorderläufen auf das Wasser aufschlugen, um die Hunde vom Angriff abzuhalten. Doch die beiden von ihnen auserwählten Beutetiere waren trotzdem bald durch Bisse in die Ohren, in den Hals, in den Kopf verletzt. Während sie durchdringend schrien, wurden sie ins Wasser gezerrt, wo ihnen die Kehle durchgebissen wurde; es war eine Kombination von Tod durch Verbluten und Tod durch Ertrinken.

Die rund 15 Wildhunde schleppten ihre Beute ans Ufer und machten sich dort darüber her. Aber sie waren auffallend unruhig, konzentrierten sich nicht völlig auf ihr Mahl, sondern blickten und witterten in alle Richtungen. Sie stellten sich sogar auf ihre Hinterläufe, um einen besseren Ausblick zu haben.

Ihre Instinkte hatten sie nicht getrogen. Ich starrte verdutzt durch die Optik meiner Kamera, denn plötzlich kam ein Tier ins Bild, das ich unter gar keinen Umständen hier vermutet hätte: Es war ein Keiler, ein ziemlich großes Exemplar, und er brachte mein zoologisches Weltbild erheblich ins Wanken. Aus der einschlägigen Literatur hatte ich immer wieder entnommen, daß sich Wildhunde hauptsächlich von Wildschweinen ernähren. Und da kam vor meinen Augen ausgerechnet solch eines ihrer borstigen Lieblingsgerichte immer näher an sie heranspaziert.

Jetzt erst wandte sich der eine und der andere Hund gegen diesen kapitalen Keiler. Dieser drehte kurz ab, blieb dann aber wieder stehen, um den Angriff der Wildhunde aufzuhalten. Doch so großartig war es gar nicht damit bestellt, die Hunde hatten offensichtlich Respekt vor den Hauern des Keilers. Er näherte sich wieder den gerissenen Hirschen, wurde wieder weggejagt und rannte diesmal sogar mitten durch die fressenden Wildhunde, über eine gerissene Hirschkuh hinweg – in meinen Augen ein glatter Selbstmordversuch.

Während der Keiler wieder mit gesenktem Kopf auf den Angriff der Hunde wartete, ergab sich des Rätsels Lösung: Eine ganze Rotte von Wildschweinen kam angerannt, direkt auf die Wildhunde zu. Diese formierten sich zwar noch, wurden aber von den Schweinen einfach zur Seite gedrängt, die innerhalb kürzester Zeit die Hirschkadaver einfach übernahmen und sich nunmehr an ihnen gütlich taten. Wildschweine sind Allesfresser, sie ernähren sich von Pflanzen genauso wie von Fleisch, und so verspeisten sie genüßlich den Riß der Wildhunde. Als sie jeden Knochen sauber abgenagt hatten, trollten sie sich wieder zurück in den Dschungel, während sich die Hunde um die Reste rauften.

Als mein Film im Fernsehen gesendet wurde, erregte er in Fachkreisen großes Aufsehen, glaubten doch die Experten – genauso wie ich – daß Wildhunde von Wildschweinen leben. Man kann theoretisch natürlich nicht ausschließen, daß eine große Meute Wildhunde über eine kleine Rotte Wildsauen herfällt und sich ihr Opfer holt. Ich hatte aber eher den Eindruck, daß die Hunde vor dem Keiler und den Schweinen einen Heidenrespekt hatten, und daß sie diese Art von Mundraub schon des öfteren erlebt hatten – sonst wären sie vorher nicht so unruhig gewesen. Und sie machten auch den Wildschweinen ohne größeren Widerstand Platz, obwohl sie kaum Zeit gehabt hatten, ihren Hunger zu stillen.

So bin ich also zu den wahrscheinlich sensationellsten Filmaufnahmen gekommen, die mir je gelungen sind, und zudem um eine Erkenntnis reicher geworden: Sogar der gewaltige Tiger muß sich gegenüber den Wildhunden geschlagen geben, aber vor Wildschweinen nehmen sie Reißaus.

Wem also gebührt die Krone? Die wahren Herrscher des Dschungels sind die Säue!

Aus der Dschungelapotheke geplaudert

Trotz dieser eindeutigen Klarstellung möchte ich noch auf eine weitere Tiergattung hinweisen, die sich im Dschungel wie keine andere Respekt zu verschaffen weiß. Ich meine die Mikroben, oder wie ich wohl zum besseren Verständnis sagen sollte: Die Krankheitserreger. Man schläft nicht ungestraft unter Palmen, sagt ein geflügeltes Wort, und ich habe mich selbst von seinem Wahrheitsgehalt überzeugen müssen. Von den vielen Infektionen nach Verletzungen habe ich ja schon gesprochen. Aber noch weitaus gefährlicher als Wunden sind die winzigen Stiche der Malariamücke.

Was hat mich die Malaria doch gebeutelt, wie viele fiebrige Nächte habe ich in Indien durchwacht oder in Fieberträumen verdämmert! Dazu kamen noch alle jene Infektionen des Verdauungstraktes, die mich zum Teil wochenlang aufs Krankenlager warfen. Außer Früchten, bei denen man die Schale wegwerfen kann, ist es fast unmöglich, irgendein Obst oder Gemüse roh zu essen. Und wer beim Trinkwasser nicht auf der Hut ist, der wird seines Lebens nicht mehr froh.

Die Trinkwasserqualität in Indien ist so schlecht, daß ich in manchen Gegenden sogar Hemmungen hatte, es in abgekochtem Zustand zu trinken. Ohne es vorher abgekocht zu haben, kommt ohnedies kein Schluck über meine Lippen, ja, ich putze mir nicht einmal die Zähne damit. In Hotels und Rasthäusern steht einem wenigstens Mineralwasser zur Verfügung. Sonst aber kommt man ohne den Kocher nicht aus. Ich wäre nicht einmal bereit, Wasser zu trinken, das mir als abgekocht angeboten wird – ich muß mich selber davon überzeugt haben, daß es im Topf sprudelt und dampft.

Das ist nicht etwa ein Tick von mir, sondern die bittere Lehre vieler Jahre in den Tropen und Subtropen. Ich hatte früher immer jene berühmte Gelbfärbung der Haut, wie sie für Menschen, die lange Zeit in den heißen Zonen gelebt haben, so typisch ist. Und wo bei anderen das Weiße im Auge ist, trug ich ein dezentes Beige.

Geändert hat sich das erst vor rund einem Dutzend Jahren, als ich – nach verschiedenen vergeblichen Leberkuren – einem Arzt in die Hände fiel, der sich auf eine Behandlungsmethode spezialisiert hatte, die sich Neuraltherapie nennt. Dieses von den deutschen Ärztebrüdern Huneke entwickelte Verfahren ist eine gezielte Injektionstechnik. Angewendet werden dabei Medikamente zur örtlichen Betäubung, also sogenannte Lokalanästhetika, wie beispielsweise Novokain.

Zunächst wurden damit meine Mandeln und Nasennebenhöhlen behandelt, denn der Rachen ist natürlich in den Tropen vielfältigen Infektionen ausgesetzt. Chronische Entzündungen in diesem Bereich wirken sich aber nicht nur vor Ort nachteilig aus, sondern wirken – wie der Arzt sich ausdrückte – als sogenannte Störfelder in die Ferne; sie ruinieren gewissermaßen den ganzen Körper.

Tatsächlich begann ich nach dieser Stecherei in Kopf und Hals regelrecht aufzublühen und eine Reihe von Wehwehchen verschwanden. Danach wurde ich von hinten und vorne ausgiebig in den Bauch gepikst und siehe da, meine ständig erhöhten Leberwerte purzelten nach unten wie die Preise beim Ausverkauf. Es schloß sich eine Serie von Ozon-Sauerstoffspritzen an. Heute hat meine Haut wieder ihren gesunden Farbton, und das Braun meiner Iris hebt sich endlich wieder von ihrer weißen Umgebung ab.

Der Neuraltherapie bin ich übrigens nicht nur treu geblieben, ich habe mir die wichtigsten Techniken sogar zur Selbstbehandlung angeeignet. Wenn man im Dschungel unterwegs ist, kann einem niemand helfen, man ist ganz und gar auf die Do-it-yourself-Methode angewiesen. Aus diesem Grund habe ich Einmalspritzen und Einmalnadeln sowie ein Lokalanästhetikum ständig in einer Kühltasche mit mir geführt. Verletzungen oder beginnende Infektionen habe ich damit unterspritzt und ich kann bestätigen, daß die Aussage der damit befaßten Ärzte zutrifft: Novokain greift am Wesen der Entzündung an. Ich konnte jede Entzündung und jede Infektion, soweit sie äußerlich zugänglich war, auf diese Weise unter Kontrolle bringen.

Manchmal hat man mich wie eine Art Wunderdoktor gefeiert. Einmal kam ich dazu, wie sich ein Mann in einem Dorf einen Daumen beim Holzhacken bis auf den Knochen durchtrennt hatte. Die Wunde blutete scheußlich und mir war klar, daß ohne zu nähen nichts zu machen war. Aber der nächste Arzt war viele Kilometer weit entfernt und hier mußte so rasch wie möglich gehandelt werden.

Ich packte meine Dschungelapotheke aus und träufelte zunächst einmal das Lokalanästhetikum in die Wunde. Inzwischen gab ich Auftrag, mir einen Bindfaden zu besorgen und eine möglichst dünne Nähnadel. Diese Hilfswerkzeuge habe ich zur Desinfektion gleichfalls in das Medikament hineingelegt und habe daraufhin begonnen, die Wunde mit einzelnen Stichen zusammenzuheften. Nach jedem Stich machte ich einen Knoten und als ich beim achten angelangt war, hatte ich den Daumen regelrecht zusammengeflickt.

Der Inder hatte allmählich Vertrauen zu mir gefaßt und so konnte ich es wagen, die Wunde auch noch zu umspritzen. Das ist eine besonders wichtige Maßnahme, denn mein Arzt hatte mir von zwei französischen Professoren berichtet, die als Chirurgen jede Unfallverletzung vor der Operation – auch dann, wenn sie später eine Vollnarkose machten – zunächst auf diese Weise behandelten. Ich glaube, es hat damit zu tun, daß dadurch der Verletzungsschock, der auf das gesunde Gewebe ausstrahlt, beherrscht werden kann. Auf diese Weise geht die Abheilung wesentlich rascher vor sich.

Als ich vier Tage später meinen leichtsinnigen Holzhacker

wieder traf, kam er mir freudestrahlend entgegen. Ich sah sofort, daß keine Infektion aufgetreten war und daß sich die Wunde auf dem besten Wege der Heilung befand. Schon bald darauf konnte ich die Fäden ziehen und meine erste chirurgische Großtat hatte einen erfolgreichen Abschluß gefunden.

Offenbar sollten marode Daumen zu meiner Spezialität werden, denn mein nächster Fall litt an einer Phlegmone dieses Fingers. Es war die Schwester meines Gastgebers, in dessen Haus ich für eine Weile wohnte. Sie hatte bei meiner Ankunft schon zwei Nächte lang vor Schmerzen nicht mehr geschlafen, und bei jedem Schritt stach es in dem vereiterten Daumenglied, als hätte irgendein Quälgeist die berüchtigte glühende Nadel angesetzt. Ich habe selber noch nie an einer Phlegmone gelitten, es scheint aber gräßlich wehzutun.

Man fragte mich, ob ich keine Abhilfe wüßte. Ich meinte, ich könnte es ja einmal mit der Novokainspritze versuchen, doch hätte ich wegen ihrer derzeit übergroßen Schmerzempfindlichkeit nicht den richtigen Mumm dazu. Sie aber erklärte, schlimmer könnten die Schmerzen ohnedies nicht mehr werden, sie wolle es darauf ankommen lassen. Ich ging also ans Werk und betäubte zunächst einen Bereich ziemlich weit unten am Daumen, um mich langsam nach oben zu tasten. Schließlich hatte ich das ganze Gebiet um den Eiterherd unterspritzt.

Natürlich war die örtliche Betäubung eine große Erleichterung für die Frau. Aber sie konnte auch in dieser Nacht das erste Mal wieder Schlaf finden, und am anderen Tag hatten die Schmerzen deutlich nachgelassen. Innerhalb der nächsten Tage wiederholte ich die Behandlung und die Erkrankung heilte ohne irgendwelche Komplikationen ab. Mein Arzt in Europa erklärte mir später, daß viele ähnlich gelagerte Fälle bekannt seien. Das Lokalanästhetikum sei aber nicht etwa ein Mittel, das gegen die Infektion direkt wirke, sondern es ermögliche dem gesunden Gewebe rund um den Krankheitsherd, optimalen Widerstand zu leisten und die Selbstheilungskräfte in Gang zu bringen.

Auch meine Begleiter, zum Beispiel im Elefantenlager, ließen sich regelmäßig von mir behandeln, wenn sie sich gekratzt oder geschnitten hatten, oder wenn ein Insektenstich sich infiziert hatte. Ich hatte es ihnen am eigenen Leibe vorgemacht und sie hatten mit Erstaunen die Erfolge registriert. Einmal habe ich bei mir selbst einen Rippenbruch auf die Weise behandelt, daß ich die gebrochene Stelle wiederholt angespritzt habe. Damit habe ich nicht nur die Schmerzen unterbinden können, sondern auch der Heilungsprozeß ist sehr schnell vorangegangen. Das kann ich deswegen gut beurteilen, weil ich auch vorher schon Rippenbrüche mitgemacht hatte und weiß, wie lange ich daran herumlaborierte.

In diesem Zusammenhang möchte ich noch ein Vorkommnis erwähnen, weil ich dadurch vielleicht erfahren kann, ob andere außer mir schon ähnliche Erfahrungen gemacht haben. Ich hatte vor einigen Jahren einen jener kleinen Tibet-Terrier; eines Tages wollte meine Frau mit ihm aus dem Wohnzimmer heraus in den Garten gehen. Als sie die landesübliche Netztüre gegen die Moskitos öffnete, drängte sich der kleine Hund vor – und wurde von einer Viper in die Nase gebissen, die es sich auf den Stufen gemütlich gemacht hatte.

Meine Frau rief mir zu, was geschehen war, und weil ich gerade in der Küche zu tun gehabt hatte, schnappte ich einen Nudelwalker, lief hinaus und schlug die Schlange tot. Ich hatte keinerlei Hoffnung, daß der Hund überleben würde. Aber ich erinnerte mich an eine Erzählung meines Arztes, wonach mit Novakainblockaden auch bei Spinnen- und Schlangenbissen gewisse Erfolge zu erzielen seien.

Natürlich bilde ich mir nicht ein, damit ein Schlangenserum ersetzen zu können, aber ich hatte in diesem Fall ohnedies keine Wahl. Direkt vorn auf der Nase des Tieres war eine Schwellung zu erkennen, und rund herum sowie darunter setzte ich ein Novokaindepot. Dann saßen wir die ganze Nacht um den kleinen Hund herum, der stöhnend und heulend seinen Kopf in die Höhe hielt. Nach ein paar Stunden wiederholte ich die Behandlung, aber erst gegen Morgen ließ das Hecheln und Wimmern nach. Die nächsten Tage schlief das Tier auffallend viel, dann war es wieder so munter wie eh und je.

Doch nicht nur über diese Spritzenbehandlung, die ich seit über einem Jahrzehnt selbst anwende, kann ich Erfreuliches berichten. Ich hatte auch immer Strophanthinkapseln dabei, die mir gute Dienste geleistet haben. Solch ein Herzmittel benötigt man in den Tropen vor allem dann, wenn eine Infektion auftritt (übrigens ist es ja bei solch einem Anlaß überhaupt erst entdeckt worden). Man merkt es an den Beschwerden, wie sehr sich diese Erkrankung auf das Herz schlägt. Aber schon zehn Minuten nach der Einnahme wurde mir jeweils frei und leicht in der Brust, ich fühlte mich wieder aktiv und leistungsfähig.

Ganz besonders ist die Wirkung aber zu verspüren, wenn man große Strapazen zu überwinden hat. Nach tagelangen Märschen im Dschungel beispielsweise, wenn die Hitze groß war und die Nächte keine rechte Erholung brachten. Oder aber bei meinen Jagdtouren im Himalaya in Höhen um die 5000 Meter, wenn selbst die Sherpas schlapp machten. Dann hat dieses Mittel bei mir und bei ihnen wahre Wunder gewirkt. Wie ich gehört habe, hat der Bergsteiger Herrligkoffer ähnliche Erfahrungen damit gemacht.

Noch eine dritte, mir unentbehrlich gewordene »Arznei« möchte ich an dieser Stelle anführen: die Ernährung. Um körperlich in Topform zu sein, habe ich mich vorwiegend von naturbelassenem Reis, von Gemüse, von Brotfladen aus Vollkornmehl und geröstetem Getreide, sowie von Früchten ernährt. Teilweise wurden die Mahlzeiten durch Fisch geschmacklich aufgebessert. Fleisch gab es nur ganz selten. Diese einfache Kost machte mich sehr leistungsfähig. Der Unterschied wurde mir besonders dann bewußt, wenn ich wieder ein paar Wochen in Europa gewesen war und dort nach Herzenslust geschlemmt hatte. Da begann ich auf Wanderungen schon bei leichten Anstiegen und in Höhen über 1500 Meter zu schnaufen wie ein Walroß.

Heißt es nicht, der Mensch ist, was er ißt? Neben den heimischen Fleischtöpfen fühle ich mich wie ein verbrauchter Jubelgreis, mit der manchmal primitiven Dschungelkost hingegen vergleichsweise wie ein Jüngling.

Überleben im Dschungel, das bedeutet, sich an ein einfaches Leben anzupassen, seine Instinkte zu schärfen, im Ernstfall nicht zu zögern und kaltblütig zu handeln. Überleben im Dschungel heißt aber auch, sich mit den Gesetzen der Wildnis vertraut machen und sich ihnen unterordnen.

Daß ich mich verhältnismäßig schnell im indischen Dschungel zurechtgefunden habe, verdanke ich dem guten Kontakt, den ich von Anfang an mit den Einheimischen hatte. Ich war bereit, von ihnen zu lernen und das hat sich bezahlt gemacht. Ich habe es mir in all den Jahren auch abgewöhnt, über das zu lächeln, was der aufgeklärte Europäer als Aberglauben bezeichnet.

Sicherlich, sie glauben an Dämonen und Dschungelgeister. Aber im Grunde ist es gleichgültig, ob ich als Europäer sage, ich gehe nachts nicht in den Dschungel hinaus, weil die Gefahren zu groß sind, oder ob der Einheimische den Begriff »große Gefahren« durch »böse Geister« ersetzt. Und wenn wir Kinder eines aufgeklärten Zeitalters Blitz und Donner auf physikalische Geschehnisse zurückführen, so empfinden wir, ungeschützt im Dschungel, doch dieselbe Urangst wie jene Naturmenschen, die Dämonen dafür verantwortlich machen.

Leider gibt es noch immer kleinere Blutopfer, die in gewissen Situationen dargebracht werden, um die bösen Geister zu beschwichtigen. Aber meist sieht das Ritual vor, die guten Geister zu beschwören. Bei den Elefantenfängern habe ich zum Beispiel erlebt, daß vor dem Ausritt zum Fang eine weiße Taube freigelassen wurde: Weil sie auszogen, um Tieren die Freiheit zu nehmen, sollte symbolisch einem anderen Tier die Freiheit gegeben werden.

Auch wir gebrauchen ja nicht von ungefähr in bestimmten brenzligen Situationen den Ausdruck, daß wir »von allen guten Geistern verlassen« seien und meinen damit, daß wir falsch reagiert haben. Und bis heute kann niemand erklären, warum manche Menschen im Krieg immer die bedrohlichsten Gefahren überlebt haben, daß sie oft als einzige übriggeblieben sind, häufig sogar, ohne daß ihnen ein Haar gekrümmt wurde. »Er hat einen Schutzengel«, heißt es in solchen Fällen. Wie gesagt, ich kann nicht darüber lachen, wenn ein einfacher Mensch an übernatürliche Kräfte glaubt.

Diese abergläubischen Menschen haben mich gelehrt, im Dschungel zu überleben. Wie gut diese Schule war, zeigte sich vor allem in jenen Zeiten, in denen ich nicht nur den üblichen Bedrohungen der Wildnis ausgesetzt war, sondern mich noch zusätzlich in Gefahr begab. Ich spreche von jenen abenteuerlichen Erlebnissen, als ich teilweise selbst vom Jäger zum Gejagten wurde: Bei der Verfolgung menschenfressender Großraubtiere.

Der Mensch
ist eine leichte Beute

Wie ganze Familien ausgerottet werden

Was nur Kenner wissen:
Das Menschenfresser-ABC

Warum Leoparden besonders gefährlich sind

Weshalb nur 200 Löwen in Asien überlebten

Ram Singh war nur ein kleiner Bauer, aber er hatte eine große Familie zu betreuen: Da waren seine Frau und vier Kinder, ein Bruder, eine Schwester, und nicht zu vergessen der Großvater, der sich auch noch seines Lebensabends erfreute.

Die Felder Ram Singhs lagen am Rande des Dschungels und deshalb hatte er immer einen Stock oder eine andere Waffe dabei; zu oft schon hatte er unerwünschten Besuch aus dem Urwald bekommen, sei es durch einen Skorpion oder eine giftige Schlange. Im folgenden Fall aber sollte sich seine behelfsmäßige Waffe als unzureichend erweisen.

Es war an einem heißen Junitag gegen Mittag. Ram Singh hatte sich gerade aus seiner kauernden Stellung erhoben, als er das Raubtier auf sich zukommen sah. Ein Tiger, dachte er, ein Tiger kommt, um mich zu holen.

Ram Singh war ein mutiger Mann. Er erstarrte nicht vor Schreck, als sich die Raubkatze in der Größe eines beinahe ausgewachsenen Kalbes mit langen, schnellen Sprüngen ihm näherte. Er rammte das Ende des Stiels seiner Schaufel, mit der er gearbeitet hatte, in den Boden und hielt der Katze das spitz zulaufende Blatt entgegen. Dabei kniete er nieder wie ein antiker Kämpfer, der mit seiner Lanze das Pferd eines berittenen Gegners aufspießen möchte.

Der Schaufelstiel brach bei der Wucht des Aufpralls. Die Krallen einer Pranke rissen den Hals und die linke Brust des Mannes auf. Noch einmal versuchte er sich zu wehren, doch der Tiger fegte ihn weg wie eine Puppe, so daß er sich zweimal überschlug. Als er liegenblieb, war die Großkatze schon über ihm, biß ihm das Genick durch und schleppte ihn in das nahe Dickicht.

Als der Vater am Nachmittag noch immer nicht nach Hause zurückgekehrt war, wurden zwei Kinder ausgeschickt, um ihn zu suchen. Sie fanden die in zwei Stücke zerbrochene Schaufel und starke Blutspuren und liefen in panischem Entsetzen ins Dorf zurück. Dort liefen die Bewohner zusammen und bald darauf begab sich eine größere Menge mit Glocken, Pfannen, Küchenwerkzeug und anderem Gerät lärmend hinaus aufs Feld, und vom Schauplatz des Kampfes hinein in den Dschungel.

Sie fanden Ram Singh keine zwanzig Meter von den ersten Büschen entfernt. Zwar müßte man sagen, er lag auf dem Bauch, doch er hatte keinen mehr. Ram Singh bestand nur noch aus *Kopf* und *Rumpf;* die *Beine* und *Arme* waren von dem Tiger gefressen worden. Seine Überreste wurden ins Dorf zurückgebracht, während einige noch einmal den Ort des Überfalls untersuchten. Anhand der Spuren versuchten sie zu rekonstruieren, welches Drama sich hier abgespielt hatte. Und am Abend, als die Leichenteile verbrannt worden waren, drehten sich alle Gespräche um den heldenhaften Kampf des Ram Singh mit einem Angreifer, dem er niemals gewachsen war.

Es wird in Indien zwar hin und wieder von Überfällen erzählt, bei denen der Tiger oder ein anderes Raubtier vertrieben werden konnte. Aber der Angefallene kam meist doch nicht mit dem Leben davon. Denn ohne Verletzungen geht es fast in keinem Fall ab, und dann geht der Betroffene über kurz oder lang an der Wundinfektion zugrunde. Der Kratzer einer Tigerkralle ist ein todsicherer Weg zu einer Blutvergiftung.

Ich habe nur von einem einzigen Fall gehört, bei dem der Tiger gegen einen praktisch waffenlosen Menschen unterlag. Der Überfallene war mit einer Axt ausgerüstet und traf den Tiger mit einer Reflexbewegung so glücklich seitwärts am Kopf, daß dieser offenbar für einen Augenblick das Bewußtsein verlor und liegenblieb. Der Mann nützte seine Chance und schlug dem Raubtier den Schädel ein.

Das ist aber, wie gesagt, eine Ausnahme. In fast allen anderen Fällen hat ein Mensch ohne ein schweres Gewehr gegenüber einem Großraubtier das Nachsehen; und selbst mit der Waffe in der Hand ist er verloren, wenn er nicht richtig reagiert. Häufig genug hat er dazu aber gar keine Gelegenheit, weil sich der Tiger anschleicht und so plötzlich über sei Opfer herfällt, daß dieses nicht einmal an eine Gegenwehr denken kann.

Eine Familie ausgerottet

Ich denke hier an Wela, mit dessen Schwester ich später gesprochen habe. Er war abends aus der gemeinsamen Bambushütte gegangen und nicht mehr zurückgekehrt. Seine Schwester Buke nahm an, daß er zum Gotul gegangen war, zum Treffpunkt der jungen, unverheirateten Männer des Dorfes. Doch am Morgen war er immer noch nicht zurück und als sie die Hütte verließ, stieß sie unweit davon auf eine Blutlache. Buke schlug Alarm, denn sie wußte sofort, was sich hier ereignet hatte.

Von Wela wurden nur noch der Kopf und die Schultern gefunden und an Ort und Stelle im Dschungel verbrannt. Menschen, die durch Gewalteinwirkung getötet worden sind, dürfen in Indien bei verschiedenen Dschungelstämmen nicht begraben werden. So blieb Welas verkohltes Schädelskelett an jener Stelle im Dschungel zurück, wo ihn der Tiger nach dem Riß hingeschleppt hatte.

Dieser Fall war besonders dramatisch, weil vor Wela schon dessen Vater Baie und seine Mutter Pali von einer Raubkatze geholt worden waren. Im Dorf waren sich alle einig, daß über dieser Hütte am Rande des Dschungels ein böser Geist waltete, daß hier Dämonen am Werke waren. Buke, die als einzige überlebte, verließ nachts ihre Hütte nicht mehr. Aber tagsüber fehlte sie nie bei der Feldarbeit, obwohl sie wußte, daß irgendwo hinter den Büschen der Tiger lauern konnte, der ihre Familie ausgerottet hatte.

Doch auch das Unglück, das Ram Singhs Familie getroffen hatte, war nicht minder groß. Weil die Mutter die vier kleinen Kinder nicht ernähren konnte, mußten alle, auch der Großvater, einzeln bei verschiedenen Angehörigen Unterschlupf suchen; nur das jüngste Mädchen blieb bei der Mutter. Da auch die Verwandten nur das Allernotwendigste zum Beißen und zum Brechen hatten, wurde die allgemeine Not noch größer und sie nahm immer weiter zu, je mehr Opfer sich der Tiger holte.

Die Menschen saßen nachts in ihren Bambushütten, in Todesangst und unsagbarem Entsetzen, während der Menschenfresser das Dorf umschlich. Tagsüber wagten sie sich nur in Gruppen zur Feldarbeit hinaus und mußten dennoch erleben, daß immer wieder einer von ihnen zwischen den Fangzähnen des gestreiften Räubers landete. Dabei machte er auch vor alten Leuten und Kindern nicht Halt – so wie ein Verhungernder auch Wurzeln und Würmer nicht verschmäht.

Das letzte Opfer des berüchtigten Chuka-Menschenfressers war ein schmächtiger Bub von kaum zwölf Jahren. Zusammen mit seinem jüngeren Bruder hütete er Kühe auf einem abgeernteten Reisfeld. Sie waren Waisenkinder, die sich als Hirten ihr Brot verdienen mußten. Der Tiger sprang nicht etwa die Kühe an, sondern das Kind. Es gab keinen Laut von sich, als es vor den Augen seines Bruders davongeschleppt wurde.

Dieser rannte ins Dorf zurück, doch er war so geschockt, daß er zuerst gar nicht sprechen konnte. Dann stammelte er schluchzend immer wieder den Namen seines Bruders und erzählte etwas von einem großen rötlichen Tier – einen Tiger hatte er offensichtlich noch nie vorher gesehen.

Die Dorfbewohner waren so mutig, daß sie der blutigen Spur in den Dschungel folgten. Sie wußten genau, daß der Tiger seine Beute mit mörderischer Wut verteidigen würde, aber sie gingen ihm ins Dickicht nach. So ist es fast immer: Auch Mütter zögern in solchen Situationen keinen Augenblick, um ihren Kindern zu folgen, die ihnen von dem Raubtier entrissen worden sind. Sie opfern sich auf, auch wenn ihnen nur der winzige Hauch einer Chance bleibt. Im Falle des zwölfjährigen Hirtenknaben fanden sie nur die rote Mütze und die blutverschmierten Fetzen der Kleider . . .

Die Unglücke durch menschenfressende Raubtiere passieren in Indien auch heute noch, wie bei uns vergleichsweise die Unfälle durch den Straßenverkehr (vorausgesetzt, es gäbe bei uns nicht mehr Autos als Raubtiere in Indien). Täglich sterben Menschen in fast allen Bundesstaaten in den Fängen der Großkatzen. Sic verbreiten Angst und Entsetzen, sie tyrannisieren ganze Landstriche und scheinen den bedrohten Menschen allgegenwärtig. Tag und Nacht müssen sie darauf gefaßt sein, von Tigern oder Panthern zerfetzt zu werden.

Diese Schilderungen mögen den Eindruck erwecken, als seien die Raubtiere des Dschungels des Menschen größter Feind. Doch das Gegenteil ist richtig: Im allgemeinen kümmern sich die Raubkatzen überhaupt nicht um die Zweibeiner, sie gehen ihnen sogar aus dem Weg. Im Normalfall meidet das gesunde Raubtier den Menschen.

Es gehört einfach nicht in das Beuteschema dieser Großkatzen – habe ich doch selbst, und nicht nur einmal, normale und gesunde Tiger durch ein kräftiges Händeklatschen auf eine Entfernung von weniger als zwanzig Metern von ihrem Fraß verjagt. Und so manchem Panther durch einen unerwarteten, derben Zuruf einen heftigen Schrecken eingejagt, so daß er lautstark und gar nicht nach Katzenart durch den Dschungel preschte. Das kann man mit jeder Großkatze machen, und zwar nicht nur ich, sondern jedermann.

Aber wie gesagt: nur mit normalen und gesunden Tieren. Immerhin ist das jedoch die weit überwiegende Mehrheit, die Menschenfresser sind die Ausnahme. Man-Eater nennen sie die Inder, im Gegensatz zu den Mankillers, den Menschentötern, die nur aus Verteidigungsgründen auf uns losgehen. Gejagt werden in erster Linie die Man-Eater und dann noch die Cattlelifter, die Viehräuber, die den Bauern die Herde dezimieren.

Ich würde freilich niemandem raten, einen Menschenfresser, ja nicht einmal einen Viehräuber, durch Händeklatschen oder neckische Zurufe von einem Riß vertreiben zu wollen. Bei einem Man-Eater wäre es reiner Selbstmord – es handelt sich um eine ganz andere Kategorie von Raubwild, das in seiner Verhaltensweise kaum noch mit anderen Großkatzen verglichen werden kann.

Tiger nach dem ABC

Ich habe schon mehrmals meinen Unmut darüber ausgedrückt, daß bis zum heutigen Tag über Tiger mehr Unsinn als Wissenswertes geschrieben worden ist. In Indien waren es lange Zeit viele pensionierte englische Kolonialbeamte, die sich ihre Langeweile damit vertrieben, in englischen und indischen Jagdclubzeitschriften ein Menue aus Aberglauben, Jägerlatein und purem Nonsens in voller Autorität zu servieren. Der Wert solcher Publikationen hing oft nur davon ab, ob sie auf saugfähigem Papier gedruckt waren – dann konnte man wenigstens nasse Schuhe damit ausstopfen. Ich möchte ihnen aber auch nicht vorenthalten, was ein Mann über Tiger schrieb, den man hierzulande heute noch achtet und zitiert: Im berühmten »Brehms Tierleben« – allerdings in einer älteren Ausgabe – steht folgendes zu lesen: ». . . es scheint beim Tiger sich genauso zu verhalten, wie wir es auch von anderen Raubtieren kennen. In Ländern, wo ihm der Mensch mutig entgegentritt, ist er ein feiges Raubtier, wo jedoch das Volk feige ist, wird der Tiger mutig. So sollen alle koreanischen Tiger »Menschenfresser« sein, weil eben bei der großen Feigheit der Koreaner, selbst von der wegen ihres Mutes sagenberühmten Gilde der Jäger, kaum jemals einer gewagt haben wird, einem Tiger entgegenzutreten.«

Ich hätte ja gerne einmal diesen Hamburger Zoodirektor auf eine Man-Eaterjagd mitgenommen, damit er der armseligen Bestie, die bisher immer nur feige Untermenschen gefressen hatte, endlich mit der ganzen Autorität eines deutschen Mannes entgegengetreten wäre. Ich wette, er hätte dem Tiger trotzdem genauso gut geschmeckt wie die paar Dutzend Drückeberger und fremdländischen Nichtsnutze, die der Man-Eater all die Zeit zuvor verspeist hatte . . .

Eine Theorie, die mehr den modernen Erkenntnissen Rechnung trägt, stammt von einem Zoologen namens Dr. Hubert Hendrichs und teilt Tiger ihn vier Kategorien ein, A, B, C und D. Er ist der Ansicht, daß der weitaus größte Teil der Tiger, jedenfalls der Tiger, die unter einigermaßen ungestörten Bedingungen im Dschungel leben, dem Menschen eher aus dem Weg gehen und ihn nicht als natürliche Beute betrachten. Diese Gruppe nennt er A-Tiger.

Die B-Tiger sind seiner Ansicht nach bereits von der Zivilisation eingeengt. Wenn ihre natürliche Beute, die Tiere des Dschungels, durch rücksichtslose Jägerei und Wilderei so dezimiert wurde, daß sie nicht mehr satt werden, holen sie sich Vieh aus den Dörfern. Diese Problematik gibt es naturgemäß dort, wo sich neue Siedlungen in den Urwald oder Dschungel hineinfressen. Auch diese Tiger scheuen an sich noch die Nähe der Menschen und ziehen sich möglichst schnell zurück.

Die C-Tiger sind nach Dr. Hendrichs eher durch eine Verkettung widriger Umstände zu Menschenkillern geworden. Jedenfalls gehört zu dieser Gruppe ein angeschossenes Tier, oder eine Tigerin, die ihre Jungen bedroht fühlt, oder ein Männchen während der Ranzzeit (die übrigens individuell und nicht nach einer bestimmten Jahreszeit eintritt), wenn also die elementarsten Lebensbereiche des Tigers gestört werden. Er wird dann, nach dieser Theorie, eher zufällig zum Killer und meidet nachher die Nähe des Menschen ganz besonders.

Erst Dr. Hendrichs D-Tiger sind die wirklichen Menschenfresser. Sie werden von den Einheimischen die »Gezeichneten« genannt, womit gemeint ist, daß sie sich außerhalb der natürlichen Ordnung stellen. Leider trifft das aber meistens nur dann zu, wenn sie – fast immer durch Menschenhand – gezeichnet worden sind. Dadurch werden sie in ihrer Jagdfähigkeit so beeinträchtigt, daß sie kein anderes Wild mehr reißen können als den langsamen und wehrlosen Menschen. Fast alle D-Tiger, Man-Eater also, die man erlegt hat, wiesen arge Blessuren auf: Fehlende Fangzähne, vereiterte Schußwunden, unzählige Schrotkugeln im Leib, verletzte Pfoten usw.

Ein Teil dieser Verletzungen können »natürlicher« Art, also nicht von Menschenhand hervorgerufen sein: schrecklich vereiterte Pfoten, in denen Stacheln der Stachelschweine stecken, oder durch Dornen verletzte Augen, oder schlecht heilende Wunden von Duellen mit Artgenossen oder einer wehrhaften Beute.

Leider sind aber die meisten Blessuren, die einen Tiger zum Man-Eater machen, das Werk von Menschenhand. Dazu muß ich keine Fachwerke studieren, für diese Diagnose reichen mir die Ergebnisse der Untersuchungen an Menschenfressern, die ich selbst erlegt habe. Ich gebe zu, daß nicht alle beabsichtigt waren: Bei den Nachtjagden, die illegal, aber gern durchgeführt werden, glitzern die Augen eines Tigers kaum anders als die eines Hirsches. Der Wildschütz merkt erst am Aufbrüllen des Tigers, den das Kaliber natürlich nicht getötet, manchmal aber verletzt hat, daß er da nicht auf einen Geweihträger geschossen hat. Der Schreck ist sicherlich beiderseitig, aber wenn durch den Schuß ein Fangzahn zerbrochen, ein Auge oder eine Pfote verletzt worden ist, hat damit ein Mensch vielleicht einen normalen A-Tiger zu einem D-Tiger gemacht und damit seinen zukünftigen Weg als Man-Eater bestimmt.

Diese Katalogisierung ist für die Praxis nicht besonders brauchbar; die Tiger haben sich noch nicht einverstanden erklärt, durch das Tragen von Buchstaben auf der freien Wildbahn dem p. t. Jäger Aufschluß über ihre Zugehörigkeit zu geben. Trotzdem bringt diese Unterscheidung ein bißchen Klarheit in die Polemik zwischen zwei Gruppen: den extremen Tierschützern, die, hinter ihren Schreibtischen sitzend, ein paar Menschenopfer in einem übervölkerten Staat wie Indien, gar nicht so tragisch finden, wenn nur ihren gestreiften Lieblingen nichts passiert, einerseits; und den radikalen Fortschrittsgläubigen auf der anderen Seite, die glauben, der totalen Industrialisierung müßte jede Priorität eingeräumt werden.

Zwischen diesen beiden Extremen tummeln sich ja noch jede Menge trophäensüchtige Amateurjäger, geschäftstüchtige Touristenfänger und skrupellose Grundstücksspekulanten. Sie alle benützen die widerstreitenden Meinungen, um ihr eigenes Süppchen zu kochen.

Ich hätte gerne, wenn das Tiger-ABC (das im Prinzip auch für die noch selteneren Panther gilt) durch praktische Erfahrungen noch ein wenig mehr differenziert würde, vielleicht damit unter F meine »Fend-Theorie« über die Tigersippe von Abutschmar eingebaut werden kann.

Was ich damit meine, werde ich in diesem Buch noch zum besten geben – die wissenschaftliche Untermauerung, die Dokumentation und den Streit mit den andersgläubigen Experten aber hebe ich mir für die Zeit auf, in der mich das Zipperlein oder andere Gebrechen daran hindern werden, noch live-Interviews mit Tigern im Dschungel zu machen. Es ist natürlich auch möglich, daß mich stattdessen ein noch nicht katalogisierter, vielleicht ein »E-Tiger« auffrißt, um so das Beweismaterial über seine Sippe in mir zu beseitigen . . .

Die Experimente der Zauberlehrlinge

Wenn Zoologen ihre unbewiesenen Hypothesen nur auf geduldiges Papier drucken lassen, kann man wenigstens das Papier noch irgendwie anders nutzbringend verwerten. Bedenklicher wird es, wenn der Mensch, der trotz aller wissenschaftlichen Erkenntnisse noch längst nicht alle Zusammenhänge in der Natur erkannt hat, eben diese Natur korrigieren will.

Man weiß zwar inzwischen, daß der DDT-Einsatz gegen Pflanzenschädlinge in manchen Gebieten eine radikale Veränderung der gesamten Tierwelt dieses Bereiches bewirkt hat – aber die Lehren daraus zu ziehen war offenbar peinlicher, als andere Regionen vor demselben Fehler zu bewahren. Erfahrungswerte werden weggewischt, und ehe ein Desaster so dokumentiert werden kann, daß man Doktorarbeiten darüber schreibt, ist noch ein Teil unserer Erde ungewarnt dem gleichen Fehler aufgesessen.

Man weiß auch, welche klimatischen Veränderungen die gigantischen Stauseen bewirken, die immer noch in den Ländern der dritten Welt mit ungebrochenem Zukunftsglauben gebaut werden. Es scheint aber der Befähigungsnachweis jedes Entwicklungslandes zu sein, solche Monsterbauwerke zu errichten – mit großzügiger Unterstützung der Industrieländer.

Natürlich hat der Versuch der Wissenschaftler aus Europa und den USA, die Natur zu manipulieren, schnell etwas zu reparieren, was man lange Zeit zerstört hat, vor den Tigern nicht halt gemacht. Diese Bemühungen aus der Ferne bringen auch gewiß mehr Publicity, als die Erhaltung irgendeiner liebenswürdigen Vogelart gleich vor der eigenen Tür.

Sicherlich gab es besorgte Zoologen in den 70er-Jahren, die meinten, der Fortbestand der Tiger in Indien sei nur noch durch im Zoo geborene Tiger aus Europa zu gewährleisten. Ihr Fehler war jedoch, an dieser Ideologie noch festzuhalten, als sich der Tigerbestand in Indien bereits wieder vervielfacht hatte. Die verhätschelten Zookinder, die nie gelernt hatten, ein ausreichend großes Revier zu erobern und zu verteidigen, kamen mehrmals in den nicht ganz unbegründeten Verdacht, auf schnellstem Weg Man-Eater geworden zu sein – die einfachste Lösung für einen Tiger, der mit den Anforderungen des Dschungels nie konfrontiert worden war.

Ähnliche – natürlich heftig dementierte – Fehlschläge gab es mit Man-Eaters, die einer Theorie zufolge nur wegen der beschränkten Umweltverhältnisse in ihrer Verzweiflung zu Menschenfleisch übergegangen waren; man hat sie umständlich mit dem Narkosegewehr gefangen und in »idealen« Umgebungen ausgesetzt. Ob das nun in Reservaten oder in noch intakten Dschungelgebieten war – die »Neulinge« haben niemals lange überlebt, weil sie den jeweiligen Revierinhabern nicht gewachsen waren.

Der ABC-Doktor und ich wissen, warum.

Es ist pure Tierquälerei, einen gehandicapten Tiger dem unerbittlichen Revierkampf mit einem eingesessenen Platzinhaber auszusetzen. Über solche unverantwortlichen Aktionen berichtete ein klügerer Mann sehr treffend unter dem Titel: »Ein Problem, das ausschließlich von Menschen verursacht wurde«.

Das Grundproblem ist, daß Menschen glauben, sie könnten mit ihrem mangelhaften Wissen dennoch erfolgreich den lieben Gott spielen.

Die Meister der Tarnung

Die Mutter hatte das Kind zum Schlafen in eine Decke eingewickelt; so lag es die Nacht hindurch an ihrer Seite in der Strohhütte. Um drei Uhr morgens erwachte der Vater von einem Geräusch: Gegen das Fenster zeichnete sich ein flüchtender Schatten ab. Er machte Licht und sah sofort, daß das Kind mitsamt der Decke fehlte.

Die Eltern schlugen Alarm. Die Leute in den anderen Hütten ringsum erwachten und suchten mit Lampen die Umgebung ab. Wenige Meter außerhalb des Dorfes fanden sie das Mädchen. Als sie sich ihm nähern wollten, tauchte eine Raubkatze aus einem Gebüsch auf und versuchte sie mit drohenden Geräuschen zu verjagen. Am sägenden Chrr . . . Chrr . . . Chrr . . . erkannten sie, daß es sich um einen Leoparden handelte. Er hatte das Kind aus der Decke verloren und war zurückgekommen, um seine Beute zu holen.

Die Verfolger schlugen das Tier in die Flucht. Doch das Kind war tot – der Panther hatte seine Kehle durchgebissen.

Ich hatte immer wieder Erzählungen darüber gehört, welche Raubzüge diese gesprenkelten Katzen unternehmen. Diese Geschichten wurden zwar von den stubenhockenden Besserwissern in den Großstädten manchmal angezweifelt und als Gruselmärchen von Hinterwäldlern abgetan. Als ich dem Fall mit dem gestohlenen Kind nachging, wurde mir bald bewußt, daß es sich nicht um irgendeine Abart des Aberglaubens handelte.

Im Unterschied zum Tiger, der den Dschungel nicht gerne verläßt, scheut sich der viel kleinere Panther nicht, auch in Ortschaften und sogar in Häuser einzudringen, wenn der Hunger ihn treibt. Falls er nicht genug natürliche Beute an Wild in freier Natur reißen kann, hält er sich an Haustiere, die in der Nähe der Dörfer weiden. Sind diese im Winter in den Ställen, wagen die Panther sich in die Dörfer hinein und reißen auch Hunde und andere Tiere, wobei sie nicht nur durch Türen und Fenster, sondern sogar durch den Rauchabzug in die Häuser schleichen.

Man kann sich das Entsetzen, die Verängstigung und die Hilflosigkeit ausmalen, in der Menschen leben, die solch einer ständigen Bedrohung ausgesetzt sind. Es ist eine Situation äußerster Verzweiflung, wenn sie Tag und Nacht, im Wachen und im Schlafen, in Todesgefahr sind. Die Menschen waren gezeichnet von dieser allgegenwärtigen Angst.

Ich war verblüfft, mit welcher Geschicklichkeit und Unverfrorenheit der Panther von Kisli, der das kleine Mädchen getötet hatte, seine Beute aufspürte: Aus einem Stall für Ziegen und Schafe, der aus Petroleumkisten gebaut war und aus diesem Grund als sicher vor Raubtieren galt, hatte der Panther durch Aufbiegen der Ecken mit den Krallen eine Öffnung geschaffen, durch die er in den Stall und dann sogar mit seiner Beute wieder herausgekommen war. Ein anderer Leopard hatte in einem Haus, in dem die Familie gerade gemeinsam beim Nachtmahl saß, die beiden Haushunde gerissen und davongeschleppt. Als ich den Raum betrat, sah er aus wie ein Schlachthaus.

Wenn Panther zu Menschenfressern werden, sind sie nicht etwa leichter zu erlegen als Killer-Tiger. Durch ihr geringeres Körpergewicht und ihre größere Beweglichkeit können sie dem Jäger immer wieder entwischen. Zwar braucht man nicht so große Geschosse und Büchsen, um sie zu töten, aber was hilft das, wenn sie, als Meister der Tarnung, einfach nicht aufzuspüren sind? Dazu kommt noch, daß man als Jäger nicht nur auf der Fährte des Raubtiers bleiben darf, sondern auch noch darauf achten muß, ob es sich nicht in der Baumkrone über einem eingenistet hat.

Ein paar mutige Männer können einen Panther vielleicht vertreiben und der Angriff auf ein Opfer, das sich heftig wehrt, ist nicht immer gleich tödlich. Doch bei der mangelhaften medizinischen Versorgung in den meisten Dörfern Indiens ist es ein zweifelhafter Vorteil, bei einer Man-Eater-Attacke nicht gleich tot zu sein, sondern den grauenhaften Krallenverletzungen erst nach ein paar Tagen durch Sepsis oder Tetanusinfektion zu erliegen.

Man-Eater-Panther werden von der verschreckten Bevölkerung oft für Tiger gehalten. Manchmal bleibt dieses Mißverständnis auch bestehen, wenn der Vorfall bei den Behörden gemeldet wird, denn die Einheimischen haben für beide Raubkatzen den gleichen Ausdruck »Bhag«.

Nach Kisli im Osten Indiens war ich eigentlich des gestohlenen Kindes wegen gekommen. Aber kaum war ich dort eingetroffen, verbreitete sich die Nachricht, daß ein Mann angefallen worden war. Als Täter vermutete man einen Tiger.

Ich fuhr gleich zur Stätte des Unglücks. Am Rande des Dorfes hatte ein Mann, wahrscheinlich wegen der Hitze, nicht im Haus, sondern vor seiner Hütte sein Nachtlager aufgeschlagen. Um zwei Uhr früh sprang ihn ein großes Raubtier an, verbiß sich in seinen Hals und richtete ihn mit seinen Krallen furchtbar zu. Seine gräßlichen Schreie alarmierten die Nachbarn, die mit Stöcken und Äxten bewaffnet und mit Lichtern ausgerüstet, so schnell wie möglich zu Hilfe kamen – immerhin ein mutiges Unterfangen, weil in solchen Dörfern niemand eine Feuerwaffe besitzt. Die Lichter verscheuchten das Raubtier, der Mann lag ohnmächtig in seinem Blut. Im Morgengrauen trug man ihn ins nächste Krankenhaus, wo man ihn aber nicht mehr retten konnte.

Die Spuren stellten sich ganz eindeutig als die eines Panthers heraus. Ich erklärte mich bereit, den Killer zu verfolgen, was die Dorfbewohner dankbar zur Kenntnis nahmen. Doch auch hier, wie überall in der Welt, muß man damit rechnen, daß ein Wichtigtuer Paragraphen für wichtiger hält als Menschen. Obwohl als sicher anzunehmen war, daß ich für einen Menschenfresser eine Jagderlaubnis bekommen würde, bestand ein kleiner Forstbeamter auf der Beschaffung eines Stückes Papier, bevor ich auf die Pirsch gehen konnte.

Bis das beschafft war, sperrten sich die Dorfbewohner ängstlich ein. Wie ich vermutet hatte, kam der Killer an den Tatort zurück. Die Frau und die Kinder des Opfers verbrachten eine Nacht in tödlicher Angst, als das Raubtier stundenlang versuchte, sich mit Zähnen und Krallen Eingang in die Hütte zu verschaffen. Gern hätte ich den Beamten mit in diese Hütte gesteckt! Schließlich gab das Raubtier auf und die Eingeschlossenen vernahmen ein Toben im angrenzenden Stall. In der Früh entdeckte man dort eine tote, gräßlich zugerichtete Kuh. Die nahm ich dann als Köder, als ich in der nächsten Nacht auf den Panther wartete, nachdem sich die Dorfbewohner verbarrikadiert hatten.

Das lange Warten im Dunkeln zerrte an meinen Nerven. Ich saß im Eingang der Hütte und überlegte irritiert, daß der Panther sich ja auch vom Dach über mir nähern könnte. Das leiseste Geräusch ließ meinen Adrenalinspiegel ansteigen, eine Ratte, die mit einer Konservenbüchse kollidierte, verursachte eine Erstarrung. Aber die Tiere halfen mir auch und bereiteten mich auf das Nahen des Man-Eaters vor: erst die Schreie einiger aufgescheuchter Hirsche im Dschungel, dann die zunehmende Unruhe der Rinder im Stall.

Dann sah ich die Raubkatze – meine Augen hatten sich inzwischen an die Dunkelheit gewöhnt – die sich vorsichtig der gerissenen Kuh näherte. Kaum hatte der Panther zu fressen begonnen, leuchteten fast gleichzeitig meine Stablampe und das Mündungsfeuer meiner Büchse auf. Der Panther machte einen echten Salto rückwärts und verschwand aus dem Lichtkegel.

Das bisher totenstille Dorf begann sich, wie von einem Bann erlöst, zu regen. Die Menschen wagten sich mit Lampen heraus. Obwohl ich sicher war, tödlich getroffen zu haben, verfolgten wir die Spur des verwundeten Panthers sehr vorsichtig. Er war noch sechzig Meter gelaufen. Im Licht meiner Taschenlampe sah ich das schwere Tier vor mir liegen.

Die Dorfbewohner strömten zusammen. Voll Haß und Wut schlugen sie mit Stöcken auf das verendete Tier ein und verwünschten es wüst.

Als ich den Kadaver später untersuchte, tat mir das Tier fast leid. Eine alte, vereiterte Wunde klaffte auf seinem Hinterkopf, durch eine Schußverletzung war ein Fangzahn abgebrochen, der Kiefer demoliert und die Zunge verletzt. Eine Bleikugel steckte über seinem Auge. Der Panther, der Menschenopfer suchte, war selbst ein Opfer der Menschen gewesen. Seine Blessuren hatten es ihm unmöglich gemacht, seine natürliche Beute zu reißen und ihn zu den Dörfern getrieben, in denen er sieben Menschen getötet hatte.

Tiger haben naturgemäß weitaus mehr Kraft als Leoparden. Es ist immer wieder vorgekommen, daß sie ihr menschliches Opfer nicht auf der Stelle getötet, sondern mit ihren ausgefahrenen Krallen zu sich herangezogen haben. Da hing dann der Todgeweihte, von den Fangzähnen gepfählt, im Maul des Raubtieres, und schrie noch ein paarmal um sein Leben, bis ihn der tödliche Biß erlöste.

Aber in ein paar Punkten sind sich menschenfressende Tiger und Panther gleich. Wenn sie ihr Opfer fressen, legen sie es niemals auf den Rücken, sondern immer auf den Bauch. In Indien behaupten die Jäger, das liege daran, weil sie einem Menschen nicht in die Augen sehen könnten – auch nicht in die weit aufgerissenen, starren Augen eines Toten. Seltsam ist auch, daß Raubkatzen niemals das Innere der Handflächen eines von ihnen getöteten Menschen fressen; eine Erklärung dafür habe ich nicht.

Übrigens sind Menschen besonders gefährdet, wenn sie liegen, sitzen oder kauern. Falls es sich nicht um einen abgefeimten Menschenfresser handelt, scheuen Raubkatzen vor dem aufrechten Gang zurück. Übrigens ist das bei anderen Tieren ganz ähnlich: Man kann sich Wild, zum Beispiel Antilopen, durchaus in gebückter Haltung nähern und kommt auf diese Weise unter Umständen auf wenige Meter an sie heran. Geht man hingegen aufrecht, dann ergreifen sie sofort die Flucht.

Wenn ich Tiger und Panther miteinander verglichen habe, dann möchte ich es auch nicht versäumen, dem König des Dschungels den König der Wüste gegenüberzustellen. Denn in Indien gibt es nicht nur Panther und Tiger, sondern auch Löwen. In vergangenen Zeiten sollen sie sich auch des öfteren ins Gehege gekommen sein – was ein grauenerregendes Ereignis gewesen sein muß (ich werde noch darauf zurückkommen).

Der Tiger ist ein Einzelgänger; neuere Theorien, die ihn zum Sippentier umfunktionieren wollen, sind aufgrund der Beobachtungen in der Wildnis unhaltbar. Löwen leben hingegen in Gruppen. Während der Tiger mehr eine Schleichkatze ist und im Dickicht in Tarnung geht, müssen Löwen häufig auf Sicht jagen; sie leben mehr in trockenen Steppengegenden.

Weil der Löwe viel leichter auszumachen ist, wurde er auch viel mehr gejagt und in einem Landstrich nach dem anderen ausgerottet. Sein Verschwinden ist Menschenwerk, wenn auch die Natur durch verschiedene Verhaltensweisen begünstigend mitgewirkt hat. Weil sie nicht die heimliche Lebensweise des Tigers haben und sich in offener Landschaft gleichsam auf dem Präsentierteller zeigen, waren sie seit der Erfindung des Gewehrs lebende Zielscheiben. Aber schon zu Zeiten der Mogulenherrscher wurden ganze Löwensippen während der großen Jagden von säbelschwingenden Reitern niedergemetzelt – wenn sie auch bisweilen ein Blutbbad unter Menschen und Pferden anrichteten. Auch Tiger starben während dieser oftmals monatelang dauernden Jagden, doch waren sie im Dschungel viel schwerer zu stellen. So kam es, daß um die Jahrhundertwende gerade noch zwei Dutzend Löwen überlebt hatten, gegenüber schätzungsweise 40.000 Tigern in Indien.

Löwen im Lande der Tiger

Im Bundesstaat Gujarat in Westindien leben die letzten freien Löwen des asiatischen Kontinents. Der Forst von Gir, die letzte Zufluchtsstätte dieser Wüstenkönige, ist eine für Indien sehr untypische Gegend, ein Zwischending zwischen Steppe und Wüste, karg, und landschaftlich nicht mit dem Reiz eines Dschungels zu vergleichen.

Diese etwa 1300 Quadratkilometer waren das traditionelle Jagdgebiet der Nawabs von Junaghad, der mohammedanischen indischen Fürsten, die in ihre Jagdbungalows die englischen Kolonialherren und ausländische Staatsgäste zur Jagd einluden. Da es Prestigesache für die Gäste war, mit einer Löwentrophäe von Gir nach Hause zu kommen, dezimierte sich der Bestand der Löwen immer weiter, bis es um die Jahrhundertwende nur noch ein oder zwei Dutzend davon gab.

In früheren Zeiten hatte es in ganz Asien viele Löwen gegeben, sie wurden in alten Schriften beschrieben und in Bildern gemalt. Als erstes rottete man sie in Griechenland aus, dann, etwa zur Zeit der Kreuzzüge, in ganz Kleinasien. Länger hielten sie sich noch in Persien; nachdem man auch die bengalischen Löwen abgeschossen hatte, gab es sie nur noch in Gir.

Als sie nun auch dort ausgerottet zu werden drohten, schlug der Vizekönig von Indien dem dortigen Nawab vor, die letzten Überlebenden unter absoluten Jagdschutz zu stellen. Danach konnten sie sich wieder auf den heutigen Stand von etwa 200 vermehren.

Unproblematisch leben diese schönen Großkatzen aber auch gegenwärtig nicht. Das Löwengebiet ist nämlich gleichzeitig auch Weideland der Büffel und Kühe, die den dortigen Viehzüchtern gehören. Bevor die Viehwirtschaft in diesem Gebiet so intensiviert wurde, hatte es für die Löwen genug Nilgauantilopen, Sambar- und Axishirsche, Wildschweine und dergleichen zu reißen gegeben, die aber durch rücksichtslose Jagd ausgerottet wurden. So blieb dem armen Löwen gar nichts anderes übrig, als vom Vieh der Züchter zu leben.

Daß die 200 Löwen aber zur Zeit meines Besuches dort zum Unbehagen der Viehzüchter pro Jahr die gewaltige Anzahl von zirka 6.000 Rindern und Büffeln rissen, lag nicht sosehr an ihrer enormen Gefräßigkeit, sondern an einem speziellen soziologischen Problem – wie so manches in Indien. Es waren im Gebiet des Gir-Forstes nämlich auch 90 Familien von Besitz- und Kastenlosen ansässig, die an den Rissen der Löwen partizipierten. Die Züchter verjagten die Löwen, nachdem sie ein Stück Vieh gerissen hatten, mit Hilfe von Schleudern, und ließen für Geld die Kastenlosen alle noch brauchbaren Stücke tranchieren. So mußten die Löwen weiter zum nächsten Riß. Diese Zustände sollen sich heute gebessert haben, seit die Kastenlosen in anderen Gebieten angesiedelt worden sind.

Die Lederschleudern sind übrigens seltsame Instrumente: etwas mehr als einen Meter lang und mit einer Verbreiterung des Leders für etwa faustgroße Schleudergeschosse versehen. So etwa muß das Gerät ausgesehen haben, mit dem David dem Goliath das Lebenslicht ausgeblasen hat!

Dennoch hat es mich anfangs erstaunt, daß man ein Tier von so legendärem Mut wie den Löwen, so leicht verscheuchen kann. Dieses Wissen kam mir zugute, als ich im Gir-Forst nahe einem Wasserloch filmen wollte und mich mit einem olivfarbenen Moskitonetz tarnte, damit mich die Tiere nicht gleich entdeckten. Überraschenderweise war die Täuschung recht gut, obwohl man meine Konturen unter dem Netz deutlich sehen konnte. So kam zum Beispiel ein Pfau, eines der scheuesten Tiere überhaupt, friedlich pickend bis auf etwa dreißig Zentimeter heran.

Als nun aber ein Löwe brüllend auftauchte und meinem luftigen Unterschlupf immer näher kam, hielt sich meine Freude darüber in Grenzen. Ich wußte nicht, was er tun würde, wenn er mich im letzten Augenblick doch entdeckte und erschrak. Als die Entfernung nur noch fünf bis acht Meter betrug, begann ich also eine kleine Ansprache: »Geh weg von hier, mein lieber Freund, so nahe kann ich dich nicht brauchen!« Tatsächlich stutzte der liebe Freund und trollte sich. Mir war zuletzt doch mulmig geworden, denn es heißt, daß auch ein friedlicher Löwe die Flucht nach vorn antritt, wenn sich eine Gefahr innerhalb eines Umkreises von fünf Metern zeigt.

Noch ein anderes Mal erlebte ich die Gir-Löwen von einer eher harmlos-drolligen Seite: Ich schlich mit einem Wildhüter einem Löwenpärchen nach, das sich anscheinend paaren wollte. Diese Indiskretion schien den Löwen zu stören, sicherlich kam auch etwas Imponiergehabe gegenüber der Löwin dazu, jedenfalls drehte er sich plötzlich um und kam mit wütendem Gehuste in schnellem Tempo auf uns zugeprescht. Ich schaute erschrocken und beeindruckt, was der Wildhüter jetzt wohl unternehmen würde. Doch der riß nicht etwa schnell seinen Vorderlader hoch, sondern bückte sich recht gelassen, hob einen Stein auf und tat so, als würde er zum Wurf ausholen: – Da bremste der heranrasende Löwe mit allen vier Pfoten gleichzeitig, hielt an und trabte friedlich zu seiner Löwin zurück. Ich erholte mich von meinem Schreck, aber der Wildhüter grinste unbekümmert und wir setzten die Verfolgung des Löwenpärchens fort. Im Laufe des Tages machte der Löwe noch mindestens 50mal solche halbherzigen Attacken; später genügte es, wenn man nur so tat, als hebe man etwas vom Boden auf, um zu werfen – schon kehrte er um, nachdem er zum Schein sein Dekorum bewahrt hatte.

Noch zahmer sind natürlich die etwa dreißig Löwen, die sich in unmittelbarer Umgebung der Touristenbungalows herumtreiben. Mit diesen machte man fast täglich eine etwas zweifelhafte Löwenshow, indem man ihnen einen Büffel vorwarf, den sie fraßen, damit die Touristen ihre Bilder schießen konnten. Sie waren so an die Gegenwart der Menschen gewöhnt, daß man mit ihnen »an einem Tisch sitzen und Gugelhupf essen könnte« wie es ein Hüter sinngemäß ausdrückte. So bekamen die Besucher den doch nicht ganz richtigen Eindruck, Löwen wären allgemein und überall zahm wie Hauskatzen. Das stimmt aber nicht einmal in Gir, denn auch dort hat es schon gefährliche Zwischenfälle gegeben, so zum Beispiel, wenn ein Löwe in den dornenbewehrten Kral eingedrungen ist, mit dem die Viehzüchter nachts ihre Tiere schützen und dann mit der Beute nicht wieder herauskam. Die Züchter gingen dann mit Wurfgeschossen auf den Räuber zu und der, so in die Enge getrieben, wurde oft recht aggressiv und verletzte oder tötete auch Menschen. Ganz vereinzelt gab es auch im Gir-Forst Menschenfresser, die allerdings sehr schnell und mühelos abgeschossen werden konnten. Dieses Gebiet ist ja nicht so unüberschaubar wie die schwer zugänglichen Urwaldgebiete, in denen ich ja manchmal wochenlang auf der Suche nach einem menschenfressenden Tiger herumpirschte oder auf einem selbstgebastelten Hochsitz ansaß.

Ein makaberes Kräftemessen

Der Film über die Löwin von Gir war der erste, den ich für das ZDF gedreht habe – allerdings enthielt er keine gestellten und spektakulären Szenen wie der eines amerikanischen Kamerateams, das sich als Nervenkitzel ein ganz besonderes Spektakel einfallen hatte lassen: Man inszenierte, extra für die Kameras der Amerikaner, in einem kleinen Fürstentum dieser Gegend einen Zweikampf Löwe gegen Tiger, die man in einer großen ausgehobenen Grube aufeinander losließ. Es war ein Kampf bis zum bitteren Ende. Diese bewußt provozierte Tierquälerei hätte sich das amerikanische Film-Team in den Vereinigten Staaten sicher nicht erlauben können. Da hätten die diversen Tierschutzorganisationen einen Aufstand gemacht. Aber wenn man nicht genau weiß, wie so eine Kampfszene überhaupt entstehen konnte, schaut man sie sich halt ganz gerne an . . .

Natürlich habe auch ich mich manchmal gefragt, welche von diesen beiden Raubkatzen die stärkere sei. Da die Konfrontation aber heute in der Natur nicht mehr vorkommt, finde ich es eine Irreführung, diesen Zweikampf in einer auf »natürliche Umwelt« dekorierten Grube so zu filmen, als hätte er in freier Wildbahn stattgefunden.

Der Kampf war sehr grausam und blutig. Die ausgehungerten und gereizten Tiere gingen immer wieder aufeinander los, verbissen sich ineinander, trennten sich und fielen wieder übereinander her. Das grauenhafte Zorn- und Schmerzgebrüll war eine schaurige Kulisse.

Als Überraschungssieger überlebte der Löwe. Meiner Ansicht nach aber nicht, weil er der stärkere war, sondern weil ihm seine Mähne einen natürlichen Schutz gegen die Tigerbisse gab, die sich ja stets auf die Hals- und Nackengegend konzentrieren. Der Tiger lag schließlich tot in der Arena, aber auch der Löwe schien, aus vielen Wunden blutend, kein glücklicher Sieger.

Vielleicht hätte ein stärkerer Tiger den Löwen besiegt – ich möchte aber einen solchen, von Menschenhand erzwungenen Kampf nie wieder sehen. Immerhin bin ich zu der Auffassung gekommen, daß die beiden Raubkatzen gleich stark und gleich mutig sind.

Meine Sympathien gehören aber, wie eh und je, dem König des Dschungels, dem Tiger.

Alle meine Tiger

Ein notwendiger Rückblick:
Wie ich zur Jagd auf Menschenfresser kam

Auch ich war einst ein Greenhorn

Wer einen Tiger unterschätzt, kann nicht mehr darüber berichten

Das zermürbende Warten auf die schlauesten aller Raubkatzen

Auch Menschenfresser können einen Stammbaum haben

Es war ein hochdramatisches Bild: Der Tiger hing festgekrallt am Kopf des Jagdelefanten, nur wenige Zentimeter von dem in Todesangst erstarrten Elefantenboy. Dahinter zielte der weiße Sahib mit einer schweren Büchse, der ein Rauchwölkchen entschwebte . . .

Hatte der Europäer getroffen? Würden den Tiger seine Kräfte so schnell verlassen, daß der Elefantenboy mit dem Schrekken davonkam? Und würde der Jagdelefant die Nerven behalten, oder in Panik durch den Dschungel brechen und seine Reiter abstreifen?

Der Bildunterschrift war nicht zu entnehmen, welchen Ausgang diese Jagd nahm. Es war das für mich eindrucksvollste Bild in dem Kalender mit Jagdszenen, den mein Vater mir mitgebracht hatte, als ich etwa zehn Jahre alt war.

Ich habe mich oft an dieses Bild erinnert und träumte sogar davon, bis ich fünfundzwanzig Jahre später bei einer meiner Tigerjagden in genau die gleiche Situation kam. Seither hat mich das eigene Erlebnis einige Male bis in den Traum verfolgt. Doch davon später.

Vermutlich hat dieses phantasieanregende Fabelbild damals eine Sehnsucht erweckt, die mich jahrzehntelang nach Indien und zu den Tigern getrieben hat. Ich habe diese faszinierenden Raubtiere mit der Großwildbüchse, dem Narkosegewehr, der Falle und der Kamera gejagt – und jede Begegnung war ein Abenteuer.

Eigentlich wollte ich in Indien Deutsch unterrichten, doch durch Zufall schloß ich mich stattdessen einer Expedition deutscher Zoologen an, die in Nordindien Exponate für das Hamburger Zoologische Museum sammeln wollte. Mit welcher

FARBTAFEL 11

sorglosen Unbekümmertheit ich meinem ersten Tiger in freier Wildbahn gegenübertrat, läßt mich heute noch den Kopf schütteln.

Die Zoologen waren eher an kleinerem Getier interessiert und waffenmäßig keinesfalls auf Tiger eingestellt. Zudem sind ja auch im Dschungel Begegnungen mit Tigern nicht gerade häufig. So löste es eine eigenartige Spannung in mir aus, als ich die ersten Tigerspuren zu sehen bekam. Der Leiter der Expedition, Baron von Maydell, weihte mich in die Geheimnisse des Fährtenlesens ein und dabei fanden wir, gar nicht weit von unserem Lager entfernt, die Abdrücke von Tigerpfoten. Sie erschienen mir riesig und der Gedanke, daß da irgendwo im Dikkicht dieses gefährliche Raubtier lauerte, bewirkte ein leichtes Gruseln in mir.

Einige Tage später fand ich bei einem Pirschgang einen toten Ochsen, der offenbar von einem wilden Tier gerissen worden war, wahrscheinlich von dem Tiger, dessen Spur wir gesehen hatten. In der Erwartung von Aasgeiern baute ich mein Stativ auf, bis mir dämmerte, daß das Rind ja wohl zum Zwecke des Verspeisens getötet worden war – ich stand da also direkt neben einer Tigermahlzeit! Plötzlich vernahm ich rund um mich verdächtige Geräusche und sah seltsame Bewegungen im Gras – es war mir zumute, als wäre ich von einem Dutzend Tigern umzingelt. Ich suchte nach Spuren, doch auf dem Grasboden waren keine Fährten auszumachen. Ratlos suchte ich das Gelände ab, bis ich auf einem Lehmpfad ganz deutlich die frische Tigerspur entdeckte. Wie von einem Magneten angezogen folgte ich ihr, ohne mir klarzumachen, was ich da tat. Mein Gewehr war für eine Tigerjagd ungeeignet und meine Hände waren so zittrig, daß ich damit nicht einmal hätte fotografieren können. Als ich das bedacht hatte, blieb ich dann doch stehen.

Wie auf ein Zeichen zum Auftritt teilte sich kurz darauf das Gebüsch etwa zwanzig Meter vor mir und der riesige Kopf eines Tigers erschien, so mächtig, wie ich ihn mir in der kühnsten Phantasie nicht vorgestellt hatte. Die Tiger, die ich im Zoo gesehen hatte, erschienen mir im Vergleich zu diesem wie bessere

FARBTAFEL 12

Hauskatzen. Langsam kam das ganze Raubtier zum Vorschein – ich erstarrte zur Salzsäule, was sicherlich besser war, als davonzulaufen. Das Riesentier sah mich uninteressiert an – dann entfernte es sich gravitätisch und verschwand im Gebüsch; offenbar tendierte sein Geschmack mehr zu Rindfleisch.

Erleichtert, wenn auch knieweich, kehrte ich ins Lager zurück und erzählte meinen Freunden von dieser Begegnung – sie ist die einzige auf der ganzen Expedition geblieben. Ich habe später noch viele weitaus mächtigere Tiger getroffen – doch für mich bleibt der Tiger von Nishangara der größte und eindrucksvollste, der je durch Indiens Dschungel geschritten ist.

Als Greenhorn auf Tigerjagd

Wenn ich mich heute, nach vielen Jahren Dschungelerfahrung und Dutzenden Begegnungen mit Tigern an meine ersten Erlebnisse mit dem König des Dschungels erinnere, kann ich mich nur wundern, wieviel Glück ich dabei hatte: Jeder der Fehler, die ich in meiner Unerfahrenheit gemacht habe, hätte mich das Leben kosten können.

Da ist zum Beispiel meine erste Tigerpirsch: In Nepal war ich von einem Bekannten eingeladen worden, einen Tiger zu erlegen, einen berüchtigten »Cattlelifter«, also einen Viehräuber. »Purana Badmash« – das »alte Scheusal«, wie ihn die Einheimischen nannten, hatte schon mehr als sechzig Rinder gerissen und war in der ganzen Gegend gründlich verhaßt.

Einen Hirten, der seine Herde verteidigen wollte, hatte er so schwer verletzt, daß der Mann ein paar Tage später starb. Man verdächtigte ihn außerdem, zwei Dorfbewohner auf dem Gewissen zu haben, die spurlos im Dschungel verschwunden waren.

Ich hatte mich mit Hilfe von Büchern und Artikeln bereits intensiv mit der Tigerjagd befaßt und hielt mich dank diesem theoretischen Rüstzeug für reif und erfahren genug, es mit dem Viehräuber aufzunehmen. Meine Bewaffnung bestand aus einer 9.5 Magnum-Winchester und einem fünfschüssigen belgischen Schrotgewehr. Mein Jagdbegleiter war der Hausboy meines Gastgebers, der sich selbst nicht viel aus der Jagd machte.

Tagelang streifte ich mit Moti, dem Boy durch die Umgebung, doch wir fanden nur alte Spuren. Man konnte aus ihnen lesen, daß es sich um einen ausgewachsenen männlichen Tiger handelte, denn die Abdrücke waren ziemlich tief und breiter als lang. Wie groß er war, dämmerte mir auch bald: Moti zeigte mir einen dicken Baum, der in einer Höhe von zwei bis drei Metern und sogar darüber alte und neuere Risse zeigte, die Rinde hing dort zum Teil in Fetzen herunter. Moti ließ mich raten, was das zu bedeuten hätte – ich fand keine Erklärung, bis er mir verriet, daß dies ein Kratzbaum des »alten Scheusals« war, an dem er seine Krallen schärfte. Die höchsten Kratzer konnte ich nicht einmal berühren, wenn ich hochsprang. Mir war etwas mulmig zumute, als ich sah, wie lang diese Raubkatze war, wenn sie sich streckte.

Als wir von unserem erfolglosen Pirschgang zur Farm zurückkehrten, hatte der Tiger dort bereits wieder ein Rind gerissen und so beschlossen wir, den Viehräuber mit einem Köder anzulocken. Am nächsten Morgen zog ich mit meiner Schrotbüchse los – sie schien mir für dieses dichte Unterholz die geeignete Waffe zu sein. Ein erfahrener Tigerjäger hätte mir da wohl energisch widersprochen, denn mit Rehposten auf Großraubtiere zu schießen, ist ausgesprochen riskant.

Moti und ich näherten uns vorsichtig dem bedauernswerten Wasserbüffel, dessen Schicksal es war, den Tiger anzulocken. Aber dieser hielt sich nicht an unser Drehbuch: Statt sich mit dem Köder zu befassen, wie wir erwartet hatten, stand er plötzlich vor uns, als wir just eine Wasserrinne überquert hatten – höchstens fünf oder sechs Meter entfernt. Das kam für mich unerwartet, daß ich dachte, mein letztes Stündchen hätte geschlagen, wenn ich nicht sofort Feuer gäbe. So schoß ich in Panik alle fünf Schuß der Schrotflinte ungezielt aus der Hüfte auf ihn ab – beim letzten war er schon nicht mehr zu sehen, man hörte ihn nur noch durchs Unterholz brechen.

Ich wunderte mich, denn ich glaubte, ihn getroffen zu haben. So ging ich ihm nach, in der Erwartung, ihn irgendwo vor mir verendend liegen zu sehen – schon wieder eine unverzeihliche Dummheit, denn angeschossenen Tigern soll man nie sofort folgen. Man sagt ja, daß eine Katze neun Leben hat; die Inder behaupten, der Tiger habe deren neunzig. Jedenfalls können auch schwerverletzte Raubkatzen noch weite Strecken zurücklegen und ganz unglaubliche Kräfte entwickeln, wenn man sie aufspürt.

Gott sei Dank blieb mir die Konsequenz meiner Unerfahrenheit in diesem Fall erspart: Wie sich aus den Spuren ergab, hatte ich in meiner Aufregung alle fünf Schüsse über ihn hinweggeballert – eine ausgesprochene Schande für meine Ahnenreihe aus Jägern und Sportschützen. Mein Begleiter jedoch sah den Schnitzer aus einer philosophischen Sicht: »Purana Badmash hat Glück gehabt. Seine Zeit ist noch nicht um,« meinte Moti. Seine fatalistische Überzeugung minderte meine Blamage ein wenig.

Der gestreifte Viehdieb war frech und unverschämt genug, unseren Köder in aller Ruhe zu reißen. Deshalb heckte ich noch am selben Nachmittag einen anderen Plan aus. Diesmal wollte ich das Gelände besser ausnützen und den Tiger in die Enge treiben. So verhängten wir alle vorhandenen Fluchtwege in den Dschungel hinein mit schweren Hanfnetzen. Später habe ich erfahren, daß dies gar nicht nötig gewesen wäre: ein weißes Band hätte auch genügt. So groß und klug die Raubkatzen auch sind, solche Bänder üben eine magische Wirkung auf sie aus: Sie versuchen niemals, sie zu unterlaufen oder zu überspringen. Aber die Listen, mit denen man einen Tiger austricksen kann, erlernte ich erst später.

Für diesen zweiten Versuch wählte ich die Kugelbüchse. Ein paar Treiber sollten mir den Tiger in die Zielrichtung scheuchen. Theoretisch mußte ich ihn auf diese Weise vor die Flinte bekommen. In Wirklichkeit kamen erst einmal ein paar Wildschweine, dann eine Hyäne auf mich zu, die mir gar nicht ins Konzept paßten. Ich zischte sie an und sie flohen in panischem

Schrecken. Einer meiner Treiber, ebenfalls ohne Erfahrung in der Tigerjagd, rief plötzlich aus: »Er kommt!« Ich schaute um mich und sah nichts, worauf ich naiv fragte: »Wo?«

Die menschlichen Stimmen auf seinem Fluchtweg irritierten den Tiger. Er kam mit einem gewaltigen Satz und wildem Gebrüll über eine Graswand rechts vor mir gesprungen, wurde kurz vom Gebüsch verdeckt und kam für einen Sekundenbruchteil mit der ganzen Breitseite in mein Gesichts- und Schußfeld. In diesem Augenblick drückte ich ab. Nachdem ich ihn schon hinter dem Gebüsch mit Kimme und Korn verfolgt hatte, glaubte ich getroffen zu haben. Aber der Tiger zeigte keinerlei Wirkung, er beschleunigte höchstens noch und preschte durchs Unterholz davon.

Ich war ratlos. Die Winchesterbüchse war in meinen Augen für Großwild die ideale Waffe – warum lag er dann nicht tot vor mir? Ich hatte wohl schon gehört, daß bei Tigern ein Schuß zwischen die Augen manchmal wirkungslos bleibt, weil die Kugel an der unglaublich harten Hirnplatte abprallt – aber ich hatte ihn doch seitlich im vorderen Drittel getroffen. Oder doch nicht? Die Treiber versammelten sich um mich und ich wagte ihnen nicht in die Augen zu sehen.

Moti untersuchte den Fluchtweg des Tigers und berichtete, daß die Spur voller Blut sei; also lauerte ein angeschossener Tiger im unübersichtlichen Gelände. Aber das Jagdgesetz verlangte zu Recht, daß er verfolgt wurde. Bei solchen Expeditionen sind schon mehr Menschen durch den Angriff des gereizten Tieres getötet worden als beim Ansitzen.

Wir folgten der Blutspur nach einer Stunde. Moti und ein Treiber warfen in jedes Gebüsch am Weg Erdklumpen, um den Tiger hervorzulocken, falls er sich dahinter verbarg, ich hatte das Gewehr im Anschlag. Nach zwei Stunden hatten wir erst etwa 60 bis 80 Meter zurückgelegt – da sahen wir ihn vor uns liegen – tot. Mit einer von einem 9.5 Millimeter-Geschoß durchschossenen Schulter und einem teilweise zerfetzten Herzen war er noch so weit gelaufen! Ich begann zu begreifen, warum die Tigerjagd als so gefährlich gilt. . . .

Die Treiber fielen über das tote Tier her und wollten es regelrecht plündern, was ich nur mit Mühe verhindern konnte. Nach einem indischen Aberglauben geht die Kraft des Tigers auf den Menschen über, der ihn berührt. Die Schnurrbarthaare sollen, wenn man sie vermahlen ins Essen mischt, eine tödliche Wirkung haben, die Krallen gelten als glücksbringender Talisman und sollen der Manneskraft förderlich sein.

Bevor ich meinen ersten erlegten Tiger kunstgerecht abhäutete, wurde er noch vermessen und gewogen: mit dreihundertachtzig Pfund und einer Länge von 3,15 Meter bis zur Schwanzspitze war er tatsächlich ein kapitaler Bursche, wie schon die Spuren am Kratzbaum gezeigt hatten. Nur einmal in all den Jahren habe ich noch einen anderen von dieser Größe erlegt.

Mein Gastgeber Uttam machte mich übrigens darauf aufmerksam, daß ich mich da eigentlich an königlichem Eigentum vergriffen hatte. Er lachte über mein Unverständnis und erklärte mir, daß in Nepal die Tiger Besitz seiner Majestät, des Königs, seien. Man hätte zwar eine Schußerlaubnis beantragen können, aber bis der Papierkram erledigt gewesen wäre, hätte das alte Scheusal noch eine ganze Herde reißen können. Noch heute, wenn ich »Purana Badmash«, die Zierde meiner Vorzimmerwand betrachte, bitte ich den König aller Nepalesen um Pardon, daß ich ihm einen seiner Königstiger geklaut habe, auch wenn es sich um solch ein Scheusal wie dieses gehandelt hat. . .

Die Trophäe erinnert mich aber auch immer daran, daß mich besonders bei der Tigerjagd doch recht häufig ein »Heiliger Hubertus« oder irgendein anderer jagdbegeisterter Schutzengel unter seine Fittiche genommen haben muß, damit ich von meiner Unvorsichtigkeit und Unerfahrenheit heute noch berichten kann.

So bekomme ich zum Beispiel immer noch eine Gänsehaut, wenn ich jetzt daran denke, daß ich einmal voll jugendlicher Jagdlust der Spur einer Tigerin mit zwei Jungen folgte, die sich im mannshohen Dschungelgras eine Art Tunnel als Wildwechsel für sich und ihre Kinder geschaffen hatte. In diesem Falle hatte ich zwar ein richtiges Tigergewehr bei mir, aber nicht die Einsicht, daß es der helle Wahnsinn ist, sich auf allen vieren kriechend der Konfrontation mit einer Raubkatze zu stellen, wenn man sich nicht einmal richtig in Schußposition aufrichten kann. Zudem ist es keine Redensart, daß es kaum ein gefährlicheres und aggressiveres Tier gibt als eine Tigerin, die mit wirklichem Todesmut ihre Jungen verteidigt. Sie wäre auf mich losgeschossen wie die Kugel im Gewehrlauf – ein Bild, das für meine Lage in dem Grastunnel durchaus zutreffend gewesen wäre. Zu meinem Glück habe ich damals die Verfolgung nach einer Weile wieder aufgegeben, sonst wäre das »alte Scheusal« schnell von seinesgleichen gerächt gewesen. . . .

Tiger sind die besseren Jäger

»Wer einen Tiger unterschätzt hat, kann nicht mehr darüber berichten.« Diese indische Weisheit hat eine ganze Menge für sich. Zwar wirkt sich, wie man an meinem Beispiel sieht, nicht jeder Fehler gleich tödlich aus, aber jene, die man Auge in Auge mit einem Großraubtier macht, überleben nur wenige. So ist es auch zu erklären, daß man in der Literatur nur wenige praktische Hinweise für die Tigerjagd findet – diejenigen, die vor Fehlern warnen könnten, die sie gemacht haben, sind meist schon den Weg jeglicher Tigernahrung gegangen.

Manche allerdings kamen mit schweren Blessuren davon; so der damalige österreichische Honorarkonsul in Indien, dessen respektable weidmännische Einstellung, einem angeschossenen Tiger sofort und ohne Assisentenz zu folgen, zu lebensgefährlichen Verletzungen führte. Was ein Tiger mit seinen Krallen anrichten kann, habe ich an gerissenem Wild studieren dürfen – der Konsul hat es am eigenen Leib erleben müssen. Ich gestehe, daß mich diese und andere Schilderungen dazu bewogen haben, eine Zeit verstreichen zu lassen und dann erst, möglichst nicht allein, der Spur eins verwundeten Tigers zu folgen.

Zwar weiß ein jedes Kind, daß der Tiger eine gefährliche Raubkatze ist. Dennoch ist jeder, der einen Tiger in Aktion beobachten kann, stets aufs neue von seiner Kraft und Schnelligkeit beeindruckt. Immerhin bewegt sich da ja eine Masse von drei bis vier Zentnern blitzartig und in völliger Lautlosigkeit. Nur sein Reaktionsvermögen und seine Startgeschwindigkeit ermöglichen ihm ja, Antilopen und Hirsche zu reißen, obwohl sie die schnelleren Langstreckenläufer sind. Die Chance des Tigers, sie zu erwischen, besteht im Überraschungsangriff. Wenn er seine Beute nicht auf den ersten dreißig Metern reißt, holt er sie nicht mehr ein.

Aber auch Tiger machen Fehler. Wenn er sich zum Beispiel durch eine nervöse Bewegung des hochgerichteten Schwanzes verrät, kann eine Antilope ihm noch entkommen. So ist es erklärlich, daß einem Tiger in einem für ihn ungünstigen Gelände nur eine von zwanzig Attacken gelingt. Eine Gazelle, ein Hirsch sind eben für die Gefahren des Dschungels besser ausgerüstet, als der plumpe und ungeschickte Mensch. Ich habe beobachtet, daß Hirsche einen Tiger bemerkten, ihn aber bis auf dreißig Meter heranpirschen ließen, bis sie Fersengeld gaben. Der Tiger versuchte zwar den Angriff, hatte aber keine Chance, diesen Vorsprung aufzuholen. Er gab seiner Frustration in einem ärgerlichen, dumpfen Grollen Ausdruck.

Ich habe übrigens dem gejagten Wild eine Menge abgeschaut. Bald war mir klar geworden, daß man sich nicht durch jede Bewegung und jedes Geräusch verrückt machen lassen darf. Man muß auf ganz bestimmte Anzeichen achten, so auf die verräterischen Bewegungen des Tigerschweifs, man muß ganz bestimmte Vorsichtsmaßnahmen berücksichtigen, vor allem sich den Rücken freizuhalten. Doch oft reichen auch die Kenntnisse nicht aus, um sich gegen einen Tiger zu behaupten. Nicht einmal, wenn man die Lehre beherzigt, daß man bei nächtlicher Pirsch auf die gestreiften Herrscher des Dschungels unbedingt Rückendeckung braucht.

Zwei junge amerikanische Jäger, die schon einige Jagderfahrung zu Hause und in Kanada gemacht hatten, meldeten sich für den Abschuß eines menschenfressenden Tigers, der in Südindien in der Nähe der Stadt Bangalore sein Unwesen trieb. Sie beschlossen, am letzten »Tatort« des Tigers in Ansitz zu gehen, an der Stelle, wo der Menschenfresser zuletzt einen Inder gerissen hatte.

Aufgrund ihrer vermeintlichen Erfahrung und der jugendlichen Unbekümmertheit von Twens gaben sie sich der optimistischen Ansicht hin, mit ihren geliehenen Gewehren sozusagen im Handumdrehen mit dem Man-Eater fertig zu werden. Der eine nahm als Rückendeckung einen Felsblock, der andere lehnte sich sitzend in etwa dreißig Meter Entfernung an einen Baumstamm, der zwar nicht soviel Deckung bedeutete, aber er fühlte sich durch seinen Jagdgefährten zusätzlich geschützt.

Stundenlang warteten sie auf den Tiger, es wurde finster, es wurde Nacht. Um die Geisterstunde herum war der Mann am Felsen der Ansicht, man sollte den Ansitz abbrechen, weil sich nicht das geringste gerührt hatte und er seine Aufmerksamkeit erlahmen fühlte. Er rief nach seinem Freund – bekam aber keine Antwort. Er rief noch einmal, doch es kam keine Reaktion. Leicht belustigt durch die Vorstellung, daß sein Freund eingeschlafen sei, stand er auf und ging zu dem Baum – aber da war niemand mehr. Das Gewehr und Blutspuren waren die einzigen Indizien für das tödliche Drama, das sich hier in seiner nächsten Nähe lautlos abgespielt hatte. . . .

Seine Lautlosigkeit ist die gefährlichste Eigenschaft des Tigers. Sein Gang, der immerhin hundert bis über zweihundert Kilogramm Materie befördert, ist offenbar auch für die feineren Ohren des Dschungelwildes kaum hörbar. Als Mensch kommt man zu dem Schluß, daß ein Tiger förmlich über dem Dschungelboden schwebt. Selbst dieser für den Jäger tödliche Sprung muß so lautlos gewesen sein, daß ihn der nur dreißig Meter entfernte Kamerad nicht gehört hatte – und der Biß – vermutlich in das Genick – so gezielt, daß auch das Opfer keinen Ton mehr von sich hatte geben können.

Zweifellos ist der Tiger ein viel besserer Jäger als der Mensch. Seine Instinkte und Überlebenstalente haben sich in vielen Jahrtausenden so verfeinert, daß der Mensch, dessen Jagdsinn im Lauf der Geschichte eher verkümmert ist, fast nur noch seine technische Überlegenheit ausspielen kann. Aber die Waffe in der Hand ist noch längst keine Garantie, im Zweikampf Sieger zu bleiben. Auch mit der Büchse im Anschlag sind schon viele Männer gestorben, die sich im Revier des gestreiften Herrschers nicht ununterbrochen der Gefahr bewußt waren, oder die Reaktionen eines Tigers nicht kannten. Es ist übrigens nicht so einfach, hinter die Schliche der Tiger zu kommen, denn wenn man einen kennt, kennt man noch lang nicht alle: Als Einzelgänger haben sie genauso wie die Menschen recht unterschiedliche Eigenarten, wenn man sich auch auf ein paar Grundregeln verlassen kann.

Dazu kommt, daß wahrscheinlich über kein Tier soviel Jägerlatein verbreitet wird wie über die Tiger. Erst in den letzten Jahren gibt es in größerem Umfang seriöse Literatur über die indischen Tiger, aber es ist immer noch allem Gedruckten gegenüber Vorsicht geboten. Durch die leidenschaftliche Diskussion über absolutes oder relatives Jagdverbot wurde auch viel Polemik verbreitet.

Ich selbst habe meine Tigerkenntnisse hauptsächlich durch Erfahrung gewonnen, wobei mir mein Instinkt viel geholfen hat. Und den habe ich, wie ich erfahren habe, weil ich ja in grauer Vorzeit . . . aber das ist ein anderes Kapitel:

Habe ich eine Wanderseele?

Über die folgende Geschichte wird ein aufgeklärter Europäer nur den Kopf schütteln. In Indien, einem Land, in dem man großen Respekt vor der Meditation und der Beschäftigung mit transzendentalen Fragen hat, lächelt man nicht über diese Dinge. Ich selbst weiß nicht recht, wie ich dieses Erlebnis einordnen soll. . . .

In New Delhi durfte ich Rasia besuchen, eine in Indien sehr verehrte Frau. Viele Menschen besuchten sie, um mit ihr zu sprechen oder sie um Rat zu fragen, denn sie war nicht nur klug, sondern galt nach Jahren der Meditation als außerordentliche Seherin. Sie sprach manchmal mit Leuten, die sie nie vorher gesehen hatte, über Ereignisse aus der Vergangenheit, die nur ihnen selbst bekannt waren.

Rasia beeindruckte mich sehr: sie war weit über sechzig, hielt sich aufrecht, hatte schöne Gesichtszüge und war von einer Aura der Ruhe und Würde umgeben. Sie schaute mich an und sagte: »Sie waren früher schon einmal in Indien«.

Ich bestätigte, daß ich schon öfter hiergewesen war, das erste Mal 1956. »Ich meine in einer anderen Zeit . . . . . vielleicht vor einigen hundert Jahren, oder noch früher,« sagte sie.

Natürlich staunte ich, aber sie lächelte nur: »Ich sehe, Sie sind überrascht, es wird Sie jedoch noch mehr verwundern, daß Sie nicht als Mensch hier waren . . . .« Sie sah durch mich hindurch, als läse sie etwas in großer Entfernung: »Nicht als Mensch, sondern als Tiger,« erklärte sie leise, aber bestimmt.

Ich habe öfter über diese Bemerkung nachgedacht. Ich glaube nicht an Seelenwanderung, andererseits war Rasia keine Gauklerin, wie man sie als Tourist öfter trifft. Auch hatte sie mit mir überaus britisch und realistisch über andere Themen geplaudert. Sie kannte mich nicht und wußte auch nichts von meinen Tigerpirschen. Und ein altes indisches Sprichwort sagt: »Wer einen Tiger jagt, muß im Herzen selbst ein Tiger sein.«

Tigerjagd mit Elefanten

In früheren Zeiten war die Tigerjagd ein Privileg der Maharadschas. Sie und ihre hochgestellten Gäste aber setzten sich keiner allzugroßen Gefahr aus. Sie ließen sich die begehrte Trophäe regelrecht »servieren«. Schon Tage vor der Jagd kreisten dressierte Elefanten – oft einige Hundert – ein großes Dschungelstück ein; der Kreis wurde immer enger gezogen, und schließlich waren ein oder gleich mehrere Tiger umzingelt. Mit einem weißen Band, das auf die Tiger, wie ich schon erwähnte, eine geradezu magische Wirkung hat, wurde der Kessel umspannt, bis die hohen Herrschaften auf ihren Jagdelefanten eintrafen und die Beute abknallten.

Erst lange nach der Erlangung der Unabhängigkeit wurden in Indien die Jagdbestimmungen immer mehr verschärft und besonders die Tiger unter Schutz gestellt, da sie bereits auf etwa tausend Exemplare in ganz Indien dezimiert und vom Aussterben bedroht waren. Dank dieses Jagdverbotes stieg die Zahl der Tiger seither wieder auf drei- bis viertausend an. Zum Abschuß freigegeben wurden fast nur noch Tiere, die als »Man-Eater« oder »Cattlelifter« zuviel Schaden anrichteten.

Diese Entwicklung bringt mit sich, daß es kaum noch ausgebildete Jagdelefanten gibt. Einer meiner indischen Freunde, Thakur, der im Norden an der indisch-nepalesischen Grenze große Güter besitzt, konnte noch von seinem eigenen berichten. Es war eine Elefantenkuh namens Rani, die er selbst in vielen Jahren ausgebildet hatte. Er erzählte von Rani, die er später widerstrebend und für sehr viel Geld einem Maharadscha überlassen hatte, daß sie angeschossene, angreifende Tiger wie Fußbälle behandelte, und mehrfach diese zwei bis drei Zentner schweren Tiere meterhoch durch die Luft geschleudert hatte. Und selbstverständlich besaß Rani die Tugend, bei einem Tigerangriff fest wie ein Fels in der Brandung zu stehen, so daß der Jäger, der auf ihr saß, ruhig zielen und treffen konnte.

Nicht so gut trainierte Elefanten zeigen natürlicherweise ihre instinktive Angst vor der angreifenden Raubkatze und reagieren oft unberechenbar. Akbar, der mich auf meiner ersten Jagd auf den nepalesischen Königstiger begleitet hatte, war ein schlichter Tragelefant und Holzarbeiter ohne höhere Jagdausbildung. Obwohl er beim Schuß auf den Tiger gar nicht mit dabei war, packte ihn das schiere Entsetzen, als wir den Kadaver auf seinen Rücken hieven wollten. Als ihm der starke Raubtiergeruch in die Nase stieg, begannen seine vier Tonnen Lebendgewicht zu zittern und zu beben – ein selten komisches Bild. Erst nach langem Zureden ließ er sich die ihm unheimliche Last aufladen.

Thakur, mein Freund aus Palia, hatte mich gebeten, in seinem Gebiet einen oder mehrere Tiger zu schießen, weil sie den dortigen Viehbestand drastisch dezimiert hatten. Die Bauern in dieser Gegend sagten: »Eine Kuh für mich, eine für den Tiger«. Tatsächlich ist Palia eine Gegend, in der fast jeder Tiger ein Cattlelifter ist, aber das ist nicht seine Schuld. Die dortigen Siedler waren hemmungslose Jäger und hatten die natürliche Beute der Tiger, die Rehe, Hirsche und Antilopen fast gänzlich ausgerottet. So blieb den Tigern gar keine andere Wahl, als sich, gleichsam im Gegenzug, die Rinder der Siedler zu holen.

Warum man dort Tiger gern mit Elefanten jagt, liegt an der Geländebeschaffenheit. Das Schilf ist hier so hoch, daß man von einem Schilfwald sprechen könnte. Wenn ich zu Fuß durch das Schilfgras kroch, war es fast finster. Das Wild hatte sich tunnelartige Pfade durch das Röhricht gebahnt. Da der Boden feucht und lehmig war, konnte ich an den Spuren ablesen, welches Wild es hier gab – auch wenn ich nichts davon zu Gesicht bekam. Ich sah neben Wildschweinfährten und den Hufen eines sogenannten Schweinshirschen auch Tigerspuren, die ich genauer untersuchte. Es waren keine frischen dabei, sonst hätte ich mich angesichts des ausweglosen Tunnels nicht so lange damit aufgehalten.

Thakur hatte mir eine junge Elefantenkuh zur Verfügung gestellt, die erst vor einigen Monaten gezähmt worden war. Obwohl sie gutmütig und gelehrig war, hatte ich doch einige Bedenken, dieses unerfahrene Tier mit auf die Jagd zu nehmen. Wie würde Gita auf die Überraschung reagieren, plötzlich einem Tiger gegenüberzustehen? Das Problem stellte sich tage- und wochenlang nicht. Obwohl immer wieder Rinder spurlos verschwanden, trafen wir auf keine frischen Tigerspuren – es war, als hätten die Viehdiebe vereinbart, uns zu foppen.

Doch endlich konnten wir den Räuber lokalisieren: Ein Hirte erschien aufgeregt und erzählte, daß er Zeuge eines Risses geworden sei. In Windeseile wurde die Expedition zusammengestellt, die mir etwas zu umfangreich war: Mein Gastgeber bestand darauf, mich zu begleiten und Gregory, ein siebzehnjähriger Jüngling, wollte unbedingt mitkommen, um das Foto seines Lebens zu schießen. Vorn, zwischen Gitas Ohren, saß der Mahout, der, wie ich erst später bemerkte, auch noch nicht voll ausgebildet war: Er hatte in der Hektik des Aufbruchs die Sattelseile nicht fest genug gezurrt. Ich saß in der Mitte des Sattels, von Thakur und dem Fotografen Gregory flankiert. Vor uns her lief der Hirte, um uns den Weg zu seiner Herde zu zeigen.

Auf halbem Weg zur Herde passierten wir eine Dschungelinsel, auf deren Bäumen ganze Scharen von Geiern hockten. Das konnte kein Zufall sein, auch wenn der Hirte behauptete, sein Rind sei mindestens einen Kilometer weiter gerissen worden. Ich ließ Gita in den Dschungel lenken, der sehr dicht verwachsen war. Plötzlich – wir hatten fast keine Sicht – preschte der Tiger auf uns los. Gita reagierte schnell und wich ihm aus. Sie stürmte davon und vergaß in ihrer Panik, uns die Äste und Ranken aus dem Weg zu räumen – so tief saß die Erziehung eben noch nicht, daß sie auch im Krisenfall gewirkt hätte. Ziemlich zerkratzt erreichten wir das Grasland.

Als wir von der anderen Seite erneut zur Attacke ansetzen wollten, trompetete Gita wild, und wir schlingerten auf ihrem Rücken wie in einem Boot bei Sturm. Der Mahout konnte Gita nicht beruhigen. Plötzlich sah ich die Maske des Tigers zwischen den Blättern auftauchen. Ich hob meine Winchester, doch auf dem schwankenden Elefantenrücken war es fast unmöglich, genau zu zielen. Als ich dachte, ich hätte es geschafft, drückte ich ab. Gita ging hoch und der Tiger verschwand.

Plötzlich war es totenstill. Der Elefant verharrte zitternd, der Tiger war verschwunden. Wir alle regten uns minutenlang nicht. Hatte ich getroffen?

Thakur begann, mit seiner Büchse ins Gebüsch zu ballern, um den Tiger hervorzulocken, ich behielt mein Gewehr im Anschlag.

Gerade, als die Spannung nachließ und wir dachten, der Tiger sei tödlich verwundet, schnellte brüllend ein gelber Blitz auf uns zu und krallte sich in den Kopf von Gita. Das folgende geschah dann alles gleichzeitig:

Der Mahout schnellte rücklings auf unseren Sitz zurück, um den Pranken des Tigers auszuweichen.

Gita übertönte das Tigergeschrei mit schrillen Trompetentönen und fuhr so ruckartig herum, daß der Sattel ins Rutschen kam.

Ich schrie: »Ich falle!« und wurde von Thakur gerade noch am linken Arm erwischt. Mit der Rechten setzte ich das Gewehr dem Tiger auf die Brust und drückte ab.

Der Tiger stürzte mit einem letzten Aufbrüllen ab. Er drehte sich mehrmals um die eigene Achse und biß sich vor Schmerz in die Wunde.

Dann war es Gita endgültig zu viel. Sie preschte in gestrecktem Galopp wie ein Rennpferd mit uns davon, während wir vier uns mit Händen und Füßen an den abrutschenden Sattel klammerten. Wäre irgendjemand dabeigewesen, diese Slapstick-Szene mit der Kamera einzufangen, hätten sich noch Generationen von Zuschauern vor Lachen gebogen, während uns ganz und gar nicht danach zumute war.

Nach ein paar hundert Metern brachte der Mahout den Elefanten zum Stehen. Gita blutete aus einigen Kratzwunden am Kopf, auch mein Zeigefinger blutete, weil er sich am Abzugbügel des Gewehrs verfangen hatte. Thakur und Gregory hingegen hatten die Färbung von Apfelmus angenommen. Unser Leibfotograf hatte, statt sensationelle Bilder zu schießen, seine Kamera verloren.

Trotzdem waren wir alle erleichtert, denn wir wußten, wie knapp wir dem Tod oder zumindest schweren Verletzungen entronnen waren. Da es bereits dämmerte, kehrten wir nicht mehr zu dem Tiger zurück. Im Lager wuschen wir Gitas Wunden sorgfältig mit Jod, denn Verletzungen von Tigerkrallen führen oft zu schweren Blutvergiftungen. Im Morgengrauen holten wir den Tiger. Erst als ich wenige Schritte vor ihm war, merkte ich, daß das Tier immer noch lebte – es bäumte sich noch einmal auf, bevor ich ihm den Fangschuß gab. Es war eine etwa sechsjährige Tigerin, das mutigste und angriffsfreudigste Tier, das ich auf meinen Jagden je erlebt habe.

Dieser Jagdausflug hatte Konsequenzen für jeden der Beteiligten: Gregory hielt sich fürderhin von Foto-Safaris auf Tiger fern, Thakur verkaufte Gita, aus der nie mehr ein richtiger Jagdelefant geworden wäre. Sie zog mit ihrem Mahout in die Stadt und diente dort romantischen Hochzeitspaaren als Brautkutsche.

Und ich? Ich wußte endlich ganz genau, wie dem Sahib auf dem Elefanten zumute war, als ihn der Tiger ansprang, auf dem unvergessenen Bild im Jagdkalender meines Vaters. Von der Tigerjagd hat mich dieses Erlebnis zwar nicht abgehalten – aber ich hüte mich seither vor schlechtdressierten Jagdelefanten.

Wie identifiziert man Tiger?

Ich würde nie einen Tiger – auch nicht einen Menschenfresser – mit einem menschlichen Mörder vergleichen, der einer Erbschaft wegen ein paar Verwandte killt oder wegen einer lukrativen Beute einen Wildfremden umbringt. Der humane Strafvollzug, auf menschenfressende Tiger angewandt, brächte wahrscheinlich dem Tiger eine Einweisung in die psychiatrische Klinik, statt die Todesstrafe. Alle psychologischen Milderungsgründe sind vorhanden; für einen Freispruch fehlten ihm bloß Einsicht und Reue, die kennen nun mal Tiere nicht.

Wie sähe aber der Steckbrief eines gesuchten Killers, Marke »Tiger«, aus? Wenn man auch nur ein einziges Foto von seinem Gesicht zur Fahndung ausschreiben könnte, wäre der Täter geliefert: Ein Tiger kann sich ja nicht verkleiden oder umschminken, und es hat noch nie zwei Tiger – auch nicht vom selben Wurf – gegeben, die die gleiche Maserung hatten. Die Tigerstreifen sind so charakteristisch-verräterisch und einmalig wie die menschlichen Fingerabdrücke.

Klugerweise lassen sich Tiger aber selten so lange blicken, daß man sie in Ruhe konterfeien könnte. Mit einer Büchse in

FARBTAFEL 13

der Hand geht das noch viel schwerer. Trotzdem traue ich mir zu, den unverwechselbaren Steckbrief eines Tigers ausschreiben zu können – und tatsächlich sind es, wie beim Menschen, die Pfotenabdrücke, die ihn entlarven. Er kann sie nicht verwischen – und ich habe Zeit, sie zu studieren.

Ich kann erkennen, welches Geschlecht er hat – die Damen gehen auch bei dieser Tiergattung auf zierlicherem Fuß, der Pfotenabdruck ist dann länger als breit, ob er ein Junger oder ein Alter ist – auch Tiger werden mit dem Alter gewichtiger, und ich weiß sogar, zu welchem Behuf er gerade unterwegs war. Beim Spazieren setzt er die Tatzen anders in den Boden, als beim Anpirschen oder beim Angriff.

Für die vielen Fehlabschüsse in Gebieten von Man-Eaters, wo zum Beispiel vier »brave« Tiger ihr Leben lassen mußten, der Menschenfresser aber ungeschoren blieb, gibt es nur zwei Erklärungen: Entweder waren die Jäger so unfähig, Spuren nicht lesen zu können, oder so clever, sie geflissentlich zu übersehen, um an eine rar gewordene Trophäe zu gelangen, ohne sich in eine allzu gefährliche Situation zu begeben. Außerdem sind Man-Eater ein sehr gewitztes Wild. Sie kennen ja ihre Jäger besser, als die Tiger, die den Menschen aus dem Weg gehen und lassen sich nicht leicht in den Hinterhalt locken. Ein besonders raffiniertes Tier war der Man-Eater von Rudrapur.

Sein erstes Opfer war ein junger Rikschafahrer, dessen Überreste man in der Nähe des Bahnhofs von Rudrapur in Nordindien fand. Nur wenige Tage später verschwand eine Frau ganz in der Nähe spurlos. Angst und Schrecken verbreitete sich in der Gegend. Die Leute wagten sich nur noch lärmschlagend in Gruppen auf die Straße – aber der Tiger fand trotzdem immer wieder ein Opfer: einen Tankwart holte er von der Zapfsäule weg, Frauen von der Feldarbeit.

Obwohl er zum Abschuß freigegeben war und viele Jäger versuchten, ihn zu stellen, bemühten sich alle vergeblich. Der Menschenfresser hatte nämlich einen außerordentlichen Geländevorteil: Dichte Zuckerrohrplantagen waren für ihn ein besserer Schutz als ein Dschungelwald.

FARBTAFEL 14

Ich las in der Zeitung, daß er sein fünfzehntes Menschenopfer gerissen hatte und entschloß mich, es mit ihm aufzunehmen. Als ich mich bei der zuständigen Polizeistation informieren wollte, kam die Nachricht, der Killer habe gerade in der Nähe wieder zugeschlagen. Mit dem Polizisten fuhr ich zum Tatort und sah erschüttert, wie eine verzweifelte Mutter bei den Überresten ihres Sohnes kauerte, von dem nur noch die Hälfte übrig war. Der Menschenfresser hatte sich in die Zuckerrohrfelder zurückgezogen.

Obwohl ich eine schwere, doppelläufige Büchse dabei hatte – ein Kaliber 450/400 – und mich die Empörung trieb, dem Killer sofort zu folgen, sah ich doch ein, daß die Verfolgung durch das zwei bis drei Meter hohe Zuckerrohr mit einer Sichtweite von etwa zwei Metern höchstens dem Tiger zu seinem Opfer Nummer 17 verholfen hätte.

Nach einiger Überlegung beschloß ich, Elefanten zu Hilfe zu nehmen, und zwar nicht als Reittiere – auch vom Rücken eines Elefanten aus hätte ich keine Sicht auf den Boden des Zuckerrohrfeldes gehabt – sondern als Treiber. Die Polizei versprach, Elefanten zu besorgen.

Es dauerte Tage, bis drei Dickhäuter kamen. Zwei kleine, jüngere, die keine Jagderfahrung hatten, was aber zum Treiben auch nicht nötig war, und ein etwa vierzig Jahre alter, großer, der schon viele Tigerjagden hinter sich hatte, jetzt aber bei einer landwirtschaftlichen Genossenschaft arbeitete. Man sieht, als Elefant in Indien kann man ganz schön herumkommen.

In den nächsten Tagen zerstampfte meine Elefanten-Troika in regelmäßigen Abständen die Zuckerrohrplantagen – ohne Ergebnis. Immer wieder sah ich die Tigerspuren am Rand der Felder, aber der Menschenfresser war auf der Hut. Dann spürten wir ihn mehrmals hintereinander auf, doch er entwischte uns immer wieder, vor allem, weil die beiden jüngeren Elefanten die Nerven verloren, sobald sie ihn witterten und mit lautem Trompeten die Flucht ergriffen.

Ich begann zu resignieren und änderte die Taktik. Die Spurensuche war durch die Bodenbeschaffenheit schwierig. Auf dem harten, rissigen Untergrund konnte ich kaum zwischen frischen und alten Fährten unterscheiden. So versuchte ich, ihn mit Büffelködern anzulocken. Aber wie viele dieser raffinierten Menschenfresser nahm er den Köder nicht an – nur einmal sah ich an den Spuren, daß er den Köder umkreist hatte, ohne ihn anzurühren.

Endlich, nach drei Wochen, machte das Raubtier doch einen Fehler. Ich entdeckte seine frische Spur in einem Kleefeld, wo man seine Abdrücke viel besser sehen konnte, als auf dem trokkenen Boden. Sie führte in ein Zuckerrohrfeld hinein, aber nicht mehr heraus. Sofort wurden die Elefanten geholt, um das Feld zu durchkämmen. Ich lauerte auf der entgegengesetzten Seite in einem Kleefeld mit meiner Büchse im Anschlag. Tatsächlich – er kam! Der Tiger erschien vorsichtig am Rande der Plantage, um nach der nächsten Deckung Ausschau zu halten. Aus nur etwa zwanzig Meter Entfernung schoß ich ihm mitten in die Brust. Er war sofort tot.

Als ich ihn später untersuchte, wurde klar, warum er wehrlose Menschen jagen mußte, um zu überleben: Seine rechte Pranke war vereitert, zwei abgebrochene Stachelschweinstacheln steckten drin; und seine rechte Augenhöhle war leer und vereitert. Ich vermutete eine Verletzung durch ein Schrotkorn. Natürlich kann ein einäugiger Tiger mit verletzter Vorderpfote keine Hirsche und Antilopen mehr erlegen.

Die Besichtigung des toten Ungeheuers wurde zum Volksfest. Hunderte Menschen strömten aus der näheren und weiteren Umgebung herbei, um sich persönlich zu überzeugen, daß der Spuk nun zu Ende war. Erst hielten sie einen Respektabstand ein, aber dann kamen die Mutigeren immer näher und wagten sogar, ihn zu berühren. Es war höchste Zeit, daß wir ihn schließlich mit dem großen Elefanten abtransportierten, denn da fehlten ihm bereits einige Krallen und Schnurrbarthaare. Wäre das Souvenir-Sammeln weiter gegangen, hätte man am Ende noch meinen können, der Menschenfresser von Rudrapur wäre nicht nur einäugig, sondern auch ein bart- und krallenloser Invalide gewesen.

Eine verregnete Pirsch

Natürlich war nicht jede Jagd von Erfolg gekrönt. Ein Fiasko, das nicht ohne Komik war, erlebte ich bei meinem ersten Versuch, den Viehräuber von Matschagarh zu erlegen.

Die Dorfbewohner hielten den Tiger für einen Satan. Tatsächlich brachte er sie auf indirekte Weise fast um, indem er den armen Leuten, die kärglich von ein paar Kühen lebten, den Viehbestand radikal dezimierte. Der jagdkundigste Mann des Dorfes, Matru, war am schlimmsten betroffen: Sein Haus stand dem Dschungelrand am nächsten, und zwei Tage vor meiner Ankunft hatte ihm der gestreifte Teufel eine seiner letzten Kühe gerissen. Er bot mir jede Unterstützung an, damit ich das Raubtier unschädlich machen könnte.

Die ganze Aktion stand unter keinem guten Stern. Von dem Riß war kaum noch etwas übrig und ich hatte wenig Hoffnung, daß der Tiger sich noch einmal an dieser Stelle blicken lassen würde. So war es auch. Tagelang versuchte ich vergeblich, den Tiger aufzuspüren. Zweimal veranstaltete ich mit Hilfe der Dorfbewohner eine Treibjagd auf ihn, beide Male durchbrach er die Reihe und entkam. Zu weiteren Aktionen waren die Leute dann nicht mehr zu bewegen, denn es verbreitete sich die Meinung, es handle sich hier um einen der legendären Tigermenschen mit übernatürlichen Kräften, mit dem man sich besser nicht anlegen sollte.

Matru blieb mir als einziger treu, aber auch ihn hatten die Schauermärchen demoralisiert. Sobald wir auf eine frische Tigerspur stießen, wirkte er nicht mehr begeistert, sondern ängstlich, und schien eine Begegnung mit dem Satan gar nicht mehr so sehr herbeizusehnen. Sein heimlicher Wunsch ging zu meinem Bedauern tagelang in Erfüllung. Der »gestreifte Schrekken« schien wie vom Erdboden verschluckt.

Wie zum Hohn fanden wir dagegen ein Rind, das an diesem Morgen gerissen worden war. Der Tiger hatte aber kaum etwas davon gefressen, anscheinend war er gestört worden. Sehr wahrscheinlich würde er zurückkehren. Zum Glück stand auch noch ein Baum ganz in der Nähe – mein Optimismus wuchs. Wir bauten einen Hochstand auf diesem Baum und waren schon mittags fertig. Wir ruhten uns im Schatten des Baumes aus, denn es herrschte eine höllische Hitze.

Gegen drei Uhr am Nachmittag kletterte ich auf den Hochsitz. Matru wollte gerade zum Dorf zurückkehren, da tauchte der Tiger kaum zweihundert Meter entfernt auf und brüllte eindrucksvoll. Matru kletterte in Panik auf den Baum. Dort saß er dann mit entsetzten Augen und angezogenen Beinen, abgeschnitten vom Weg zu seinem Heim.

Der schnell und primitiv errichtete Hochsitz erlaubte mir nur, in die Richtung des gerissenen Tieres zu schießen, ohne zuviel Geräusch zu machen. Dort aber ließ sich der Tiger nicht blicken.

Nach einer halben Stunde regungsloser Stille raschelte es ganz in der Nähe. Der Tiger kam von hinten auf unseren Baum zu. Ich wußte, daß Tiger nicht auf Bäume klettern, Matru wußte es jedoch offenbar nicht. Er mußte einen furchtbaren Schock bekommen haben. Die Folge war, daß ein kurzer, warmer »Regen« auf mich niederprasselte, der freilich mit einem Monsun nichts zu tun hatte. Dem Tiger war diese ungewöhnliche Naturerscheinung nicht geheuer. Blitzartig riß er ins Dickicht aus. Die einmalige Chance war vorbei.

Nach einer Weile schaute ich zu Matru, dem großen Regenmacher, empor. Er war schrecklich verlegen.

Schweigend traten wir den Heimweg an. Am nächsten Tag mußte ich nach New Delhi zurück. Erst ein Jahr später habe ich den Tiger von Matschagarh erlegt. Es herrschte völlig trockenes Wetter . . .

Freud und Leid beim Ansitz

Die Jagd, ganz besonders die auf Raubkatzen, besteht zu neunundneunzig Prozent aus geduldigem Warten und einem Prozent schneller Reaktion im richtigen Augenblick. Von den Jahren, die ich im Dschungel gelebt hatte, habe ich wohl schätzungsweise ein Viertel im Ansitz verbracht, am Tag und in der Nacht. Auch in Zeiten, in denen ich nicht mit dem Gewehr, sondern mit der Kamera auf der Pirsch war, lag ich die meiste Zeit in irgendeiner Deckung auf der Lauer.

Mit der Zeit entwickelt man die Fertigkeit, gleichzeitig den verschiedensten Gedanken nachzugehen und doch auf alle Geräusche und Bewegungen in der Umgebung zu achten. Das ist besonders in der Nacht wichtig, wenn man hauptsächlich auf den Gehörsinn angewiesen ist. Man lernt, aus den Veränderungen der Geräuschkulisse die richtigen Schlüsse zu ziehen. Im Dschungel ist es ja niemals so still, wie etwa nachts im Hochgebirge.

Auf dem Hochstand in Singri, als ich einen Menschenfresser mit einer Narkosepatrone betäuben sollte, habe ich keine Kamera mitgenommen, weil sie zu laut gewesen wäre und den Tiger gewarnt hätte. Dem Kameramann in mir hat das Herz geblutet, denn es hätte wunderschöne Szenen gegeben, beispielsweise mit Mungos, die vor meiner Nase herumtollten, weil sie sich unbeobachtet glaubten. Ich liebe es überhaupt, wenn Mungos in der Nähe sind – nicht nur wegen ihrer possierlichen Bewegungen, die an die eines Eichhörnchens erinnern – sondern weil ich hoffte, sie würden sich auch um die Schlangen kümmern, die sich eventuell in meine Richtung bewegten.

In baumlosen Gegenden saß ich notgedrungen nicht am Hochsitz an, sondern in einem – nun ja, »Tiefsitz«. Das ist nicht meine Erfindung, sie hat sich aber bei meinen Tiger- und Pantherpirschen schon oft bewährt. Zum großen Erstaunen der Einheimischen lieh ich mir dafür aus dem nächsten Dorf eine der schweren, großen, gußeisernen Pfannen aus, in denen sie Rohzucker zubereiten. Dann wurde eine kreisrunde Grube ausgehoben, so tief, daß ich über den Rand schauen konnte. Auf drei große Steine stülpte man dann die Pfanne, die etwa einen Meter Durchmesser hat, und fertig war der Panorama-Ausblick. Es ist natürlich ein etwas merkwürdiges Gefühl, die Umgebung nicht vom Hochsitz aus, sondern aus der Froschperspektive zu beobachten. Außerdem muß man noch Sorge haben, Besuch von einer Kobra oder einer Kettenviper zu bekommen. Häufige Gäste sind natürlich auch die großen roten Ameisen und anderes lästiges Kleingetier. Mußte ich längere Zeit in so einem Tiefsitz zubringen, machte ich es mir mit einer Sitzvorrichtung komfortabler. Dennoch ist mir der Hochsitz lieber, vor allem, weil man die langen Stunden damit verbringen kann, die unvorstellbar vielfältige Vogelwelt des Dschungels zu beobachten. Schrecksekunden gibts auch hier, zum Beispiel, wenn ein mehr als ein Meter langer Baumwaran lautlos am Stamm hochklettert und einen plötzlich, ebenso erschrocken, ins Gesicht blickt. Einen beiderseitigen Schock erlebte ich auch mit einem der farbenprächtigen Buntspechte. Ich hatte seinen Anflug nicht bemerkt und fuhr zusammen, als er plötzlich unweit meines Ohres hinter mir zu hämmern begann, was wiederum ihn zu panischer Flucht bewog.

Eine besondere Rolle spielen die Dschungelkrähen. Sie sind eine Art Wachposten für die anderen Tiere, um sie vor Eindringlingen zu warnen. Hatten sie mich auf meinem Hochsitz entdeckt, kamen sie in Schwärmen auf meinen Baum und fingen ein durch Mark und Bein gehendes Gezeter an, dessen sie lange nicht müde wurden.

Besonders lästig ist es, wenn man regungslos sitzen soll und ein Mückenschwarm bemächtigt sich der unbedeckten Körperteile. Ich hasse die diversen Insektenschutzmittel so, daß ich sie nie auf meine Expeditionen mitnehme. Wenn so eine Moskitohorde am Ansitz über mich herfiel, verfluchte ich mich jedoch wegen meiner Aversion.

Leider muß man mit Schlangen nicht nur am Boden, sondern auch am Hochsitz rechnen, denn manche sind nicht nur Kriech- sondern auch Klettertiere. Zum Glück sind die meisten Baumschlangen in Indien nicht giftig. Allerdings kann sich auch einmal eine Kobra zum Klettern entschließen, wie man mir erzählte. Zudem kenne ich, wie bei den Vögeln, auch bei den Schlangen nur einen Bruchteil der vielen hundert Arten. Deshalb bin ich immer etwas verunsichert, ob so eine Baumschlange nicht gerade eine der wenigen giftigen ist. Manche sind ja wunderschön, zum Beispiel die Schmuckbaumschlange, die einzige Flugschlange der Welt.

Dann wartete ich, ob das Gift mich lähmte . . .

Mein unangenehmstes Schlangenerlebnis am Hochsitz hatte ich, als ich mir nach Stunden reglosen Sitzens eine kleine Ortsveränderung meines Hinterteils erlaubte – und mich genau auf den Schwanz einer Schlange setzte, die da, ich weiß nicht wie lange schon, still die Wärme meines Körpers genossen hatte. Ich kann ihr nicht verübeln, daß sie in ihrem Schreck wie der Blitz nach oben zuckte, aber mußte sie sich wirklich wie ein tollwütiger Hund in den Ballen meiner linken Hand verbeißen? Ich hatte es doch nicht böse gemeint! Das kleine Biest hing so hartnäckig an meiner Hand, daß ich sie buchstäblich erwürgen mußte. Noch im Todeskampf lockerte sie den Biß ihrer Zähnchen nicht und ich mußte ihr die Kiefer auseinanderzwingen.

An der heftig blutenden Wunde saugend, schickte ich Stoßgebete zu meinem Schöpfer in den Himmel empor, daß es sich wirklich nur um eine ungiftige Baumschlange gehandelt hatte, da es ja auch eine ziemlich kleine gewesen war. Aber selbst die mächtigsten Rattenschlangen müssen ja einmal klein anfangen, nicht wahr?

Ich schwankte zwischen Hoffnung und Depression, verwünschte meine mangelhaften Schlangenkenntnisse und den Leichtsinn, nicht einmal im nahen Lager ein Schlangenserum in der Reiseapotheke zu haben. Das ging so lange, bis ich dachte, nun müsse das Gift ja allmählich wirken, wenn tatsächlich eines im Spiel war. Ich spürte nichts. Mein Gemüt begann, wieder optimistischer zu werden. Aber was spürt man eigentlich nach einem tödlichen Schlangenbiß? Ich hatte verständlicherweise noch nie einen Betroffenen davon erzählen hören, ich wußte lediglich, daß manche Gifte erst nach Stunden Lähmungen bewirken, beginnend bei den äußersten Extremitäten.

Ich versuchte, die Zehen zu bewegen – sie waren steif. Verzweiflung packte mich. Mußte ich hier nun hilflos warten, vielleicht viele Stunden, während sich die Lähmung langsam ausbreitete, bis sie gnädig auch das Herz erreichte?

Oder waren meine Beine nur, wie schon so oft, von der langen Bewegungslosigkeit eingeschlafen und zusätzlich vor Schreck erstarrt? Ich versuchte noch einmal, die Zehen und die Füße zu bewegen: Und siehe da, es ging wieder, mit dem typischen Stechen, das das Erwachen eingeschlafener Füße begleitet. Nun glaubte ich nicht mehr ernsthaft an eine Vergiftung. Eine ungeheure Erleichterung machte mich euphorisch.

Der geneigte Leser wußte natürlich von Anfang an, daß ich keinem tödlichen Schlangenbiß erlag. Ich kann mir aber seit dieser Episode lebhaft vorstellen, daß Menschen in gefährlichen Schlangengegenden oft am bloßen Schreck sterben, auch wenn es gar keine Giftschlange war, die sie gebissen hatte. Das ist in Indien oft der Fall und hat meiner Ansicht nach auch mit der fatalistischen Mentalität der Inder zu tun, sich gegen ihr Kismet, ihr Schicksal, nicht aufzulehnen. Ich habe als Europäer eine viel rebellischere Gemütslage, die vielleicht durch einen alemannischen Dickkopf noch verstärkt wird. Ich hätte auch im Ernstfall bis zum letzten Augenblick gehofft, daß ich mit dem Leben davonkomme, ich habe mich sogar an die Idee geklammert, daß das vielleicht eine ganz junge Giftschlange war, die noch nicht genug Gift in den Drüsen hatte, um mir den Garaus zu machen.

Glücklicherweise sind solche Erlebnisse beim Ansitz Seltenheit, der Alltag besteht aus lästigem Kleingetier, der Hitze am Tag und dem enervierend tropfenden Tau in der Nacht. Gelegentlich kommt ein Schreck dazu, wenn beispielsweise ein selbst aufgeschrecktes Stachelschwein mit seinen aufeinanderklappernden Stacheln ein so gruseliges Geräusch verursacht, das klingt, als würden die hohlen Knochen eines Skeletts aneinanderschlagen.

Wenn man sich mit eiserner Selbstbeherrschung auch bei einem Moskitoangriff nicht rührt, die Quälgeister einfach stechen läßt, bis man nach dreißig oder vierzig Minuten den Schmerz gar nicht mehr verspürt, wird das Stillhalten oft durch Beobachtungen belohnt, die kein Mensch machen kann, wenn er nur so durch den Urwald streift. Einige Szenen habe ich nur erlebt, weil ich durch stundenlange Reglosigkeit mit meiner Umgebung gleichsam verschmolzen bin. Dazu gehört die, die mir drei Meinas vorspielten, (eine Starenart), die natürlich nicht wußten, daß ich sie beobachtete:

Direkt vor mir, in »meinem« Baum, begannen zwei Meinas einen heftigen Kampf über mehrere Runden, offenbar, um ein Weibchen, das aus einiger Entfernung interessiert zusah. Zwar schauen bei den Meinas Männchen und Weibchen gleich aus, nur sie selber kennen den Unterschied; aber bei den Vögeln kann man sich heute noch auf das Rollenverhalten verlassen. So schloß ich messerscharf, daß es sich hier um einen Balzkampf handelte. Die beiden Rivalen attackierten sich wüst mit Schnäbeln und Krallen, schossen aufeinander los und purzelten schließlich beide flatternd vom Baum, um am Boden das Gefecht fortzusetzen. Es sah mörderisch aus, den komischen Akzent der Situation setzte das Weibchen, das erst auf dem Baum, dann auf dem Boden ganz gelassen um die Kämpfer herumspazierte wie ein Schiedsrichter beim Ringen, um nur ja kein Detail der Auseinandersetzung zu verpassen. Man hatte den Eindruck, sie amüsierte sich über die Kampfhähne, die sich da wegen ihr rauften, daß die Federn flogen. Nach einiger Zeit gab es technischen k. o. durch die Flucht des einen Kämpfers. Der Sieger stellte sich aufgeplustert vor dem Weibchen in Positur und sie akzeptierte ihn mit herablassendem Kopfnicken, stand doch für sie außer Frage, daß nur der Stärkere gut genug für sie war.

Ich glaubte, daß es diese Eindrücke waren, die mich im Laufe der Zeit immer mehr dazu brachten, meinen Ehrgeiz daran zu setzen, solche Szenen zu filmen, statt mit dem Gewehr zu jagen. Ich bin zwar heute noch bereit, Jagd auf einen Menschenfresser zu machen, doch das Erlebnis, Raubtiere in der freien Wildbahn zu filmen, ist nicht weniger aufregend und gefährlich für mich.

Außerdem braucht man dafür ebensoviel Gespür und Erfindungsgabe, wie bei der Jagd auf die raffiniertesten Menschenfresser. Ins Schleudern geriet ich allerdings manchmal, wenn ich beiden Passionen gleichzeitig nachgehen wollte, nämlich einen gefährlichen Tiger erlegen und dabei noch einen Film drehen wollte. Sehnsüchtig wünschte ich mir da die beneidenswerte Körperbeschaffenheit des indischen Gottes Shiva, der sechs Arme aufs Anmutigste zu bewegen weiß, manchmal noch ergänzt durch ein zusätzliches Augenpaar. Warum ich mir diese an Verrücktheit grenzende Doppelbelastung in den Kopf gesetzt habe?

Da gibt es einen recht prosaischen Grund, nämlich die finanzielle Seite einer solchen Menschenfresser-Expedition. Es war und ist zwar sehr ehrenhaft für mich, daß mich die indischen Behörden nunmehr für einen so vertrauenswürdigen Killer-Killer halten, daß sie mich stets einladen, einen Menschenfresser zu schießen, wenn er irgendwo auftaucht. Diese Einladung beinhaltet aber nur den kostenlosen Aufenthalt in der bedrohten Ortschaft, die Unterstützung durch die Behörden und gipfelt in einer Abschußprämie von etwa 160 DM, wenn ich den Menschenfresser erlegt habe. Um die restlichen Bagatellen wie meine Reisekosten und den Lebensunterhalt meiner Familie zu finanzieren, bin ich genötigt, von solchen Expeditionen Filme, Fotos und Material für Bücher mitzubringen, die für Europäer so interessant sind, daß sie bereit sind, dafür Geld auszugeben. Ich danke Ihnen für Ihr Verständnis!

Meine langen Nächte im Körbchen

Der Gipfelpunkt dieser kombinierten Tätigkeit als Jäger und Filmer war – bis jetzt jedenfalls – meine Jagd mit dem Narkosegewehr auf den Menschenfresser von Chandrapur, bei der ich gleichzeitig Material für einen Film sammelte, der später unter dem Titel »Im Reiche des Schir Khan« über verschiedene Fernsehbildschirme lief.

Die Motivation, mich um Aufnahmen von Raubtieren in der freien Wildbahn zu bemühen, bekam ich viele Jahre vorher. Es war ein ganz banaler Anlaß, eine lapidare Bemerkung, die sich aber wie ein Widerhaken bei mir verfing. Nach einem Lichtbildervortrag, den ich vor einem kleinen Kreis mit den Dias meiner ersten Indienreise von 1956 gehalten hatte, gab es von allen Seiten Lob und Anerkennung. Nur cin naiver Betrachter stellte bedauernd fest: »Schade, daß man diese Tiger nur sieht, wenn sie schon tot sind!«

Da wurde mir schlagartig klar, daß ich meinen Zuschauern ja nur einen ganz kleinen Bruchteil meiner Erlebnisse mitteilen konnte, auch wenn ich noch so beredt kommentierte, weil sie nur die Aufnahmen des stolzen Jägers neben der glücklich erlegten Beute zu sehen bekamen. Wie konnten sie meine Begeisterung wirklich teilen, die Abenteuer miterleben, wenn sie niemals die wunderbar graziösen Bewegungen dieser prachtvollen Tiere, ihre geballte Kraft, ihre unerbittliche Raublust je gesehen hatten?

Diese einzige, kleine Bemerkung spukte mir seither im Kopf herum. Nach ungezählten, mehr oder weniger erfolgreichen Experimenten, den Tigern auf ihrem eigenen Territorium möglichst nah auf den Pelz zu rücken, gelang mir 1965 eine echte Premiere: Ich drehte den ersten, ausschließlich in freier Wildbahn aufgenommenen Tigerfilm. Wäre ich nur ein fanatischer Kameramann gewesen, hätten mir die Tiger schon lange vor Beendigung der Dreharbeiten einen unfreundlichen Besuch abgestattet. Es waren auch Ausdauer, Wachsamkeit, Geduld und Hartnäckigkeit vonnöten, die man nur als Jäger lernt, um diesen Film fertigzustellen.

Ein Picknick vor der Kamera und eine Bilanz

Ich gebe zu, daß die Jagd auf Man-Eater das aufregendste aller Jagderlebnisse ist. Ich möchte auch nicht ausschließen, daß ich wieder einmal bei Gelegenheit zu solch einem Abenteuer bereit sein werde – dennoch habe ich dem Filmen der Tiere mehr und mehr den Vorzug gegeben. Ich habe heute auch eine andere Einstellung zu einer Jagdepisode, die bei mir vor Jahren nur Kopfschütteln hervorgerufen hatte: Ich hatte mit einem Freund wochenlang auf einen Tiger gewartet, den wir nie richtig ins Schußfeld bekommen hatten. Eines Tages war es soweit: Das Tier trat aus dem Gebüsch und stand reglos in voller Größe vor unserem Ansitz. Mein Freund hob seine Büchse – und drückte nicht ab. Der Tiger verschwand und die Stimme neben mir sagte: »Ich habe es einfach nicht gekonnt – er war zu schön!«

Ohne die Absicht, schießen zu wollen, nur mit der Kamera in einem recht luftigen Unterstand, konnte ich meine schönsten Beobachtungen der Könige des Dschungels machen. Ich bin heute stolzer auf meine Filme, als auf die prächtigsten Jagdtrophäen. Kein noch so großes Tigerfell kann meinen Freunden in Europa eine Ahnung von der Majestät dieser Tiere so vermitteln, wie die Aufnahmen in freier Wildbahn. Wenn man statt der Büchse nur die Kamera in der Hand hat, gewinnt man einen viel tieferen Einblick in den Alltag des Dschungels und erlebt auch viele komische und reizvolle Episoden. Zum Beispiel, als ein Tiger seinen Riß verlassen hatte, weil er erst einmal satt war. Ich blieb mit meiner Kamera bei der Beute und filmte, wie ein Geierschwarm darüber herfiel. Sie versuchten, den gerissenen Wasserbüffel in Windeseile vom Fleische zu befreien. Als dann der Tiger wiederkehrte, jagte er knurrend die Geier davon. Manchmal gelingt es ihnen jedoch, vor der Rückkehr des Tigers ein gerissenes Tier bis auf die Knochen zu fressen. Und der Tiger, um ein Festessen geprellt, drückt seine Enttäuschung in einem langanhaltenden Unmutslaut aus. Die Geier hingegen sitzen satt auf den Bäumen und schauen der Szene schadenfroh zu.

Nicht alle Finessen, mit denen ich versuchte, Tiger vor die Kamera zu locken, waren von Erfolg gekrönt. Schließlich hatten sich auch schon vor mir viele Filmer vergeblich darum bemüht – zum Unterschied zu Löwen kriegt man Tiger nicht einmal in Wildreservaten so einfach vor die Linse.

So überlegte ich mir, ob ich nicht einen Trick versuchen sollte, den man öfter anwendet, um Vögel anzulocken. Ich nahm im Zoo von New Delhi die Stimmen eines verliebten Tigerpaares auf und hoffte, die Tiger im Dschungel würden mich umschwirren wie die Wespen einen Honigtopf, sobald ich ihnen das Liebesgeflüster vorspielte. Sie zeigten sich dann aber in der freien Natur von den Geräuschen zwar irritiert, aber keineswegs so magisch angezogen, wie ich das gehofft hatte.

In den Dreißigerjahren hatte ein Schwede in Kanha die ersten Tigerfotos auf recht abenteuerliche Art geschossen: Er installierte an den Tigerpfaden Stolperdrähte, die mit Selbstauslösekameras mit Blitzlicht verbunden waren. Natürlich bekam er so auch Bilder von allen anderen Tieren, die da in diese raffinierte Fotofalle hineinstolperten.

Ich wählte eine andere Methode, denn ich wollte meine Filmkamera ja selbst bedienen. So ließ ich mir von zwei Eingeborenen ein Geflecht aus Stroh und Bambus basteln, das einen Unterstand von zwei mal zwei Metern ergab. In den schnitt ich Sehschlitze für die Kamera.

Die Einheimischen schüttelten den Kopf über meine Vorbereitungen und ein Wildhüter warnte mich, dieses fragile Gebilde biete nicht genügend Schutz gegen die Tigerin mit ihren vier Jungen, die sich hier herumtriebe. Ich konnte kaum glauben, daß es einer Tigerin in freier Wildbahn gelingt, vier Junge großzuziehen, aber er hatte recht.

Vorderhand aber ließ sich bei mir kein einziger Tiger blikken. Durch einen Wackelkontakt im Verstärker hörten sich meine in Delhi gemachten Tigerrufe wie Hustenanfälle an und lockten auch nicht ein Tier aus dem Busch. So band ich als Köder einen Wasserbüffel nah an einen Baum, und versteckte neben ihm ein Mikrofon. Den ganzen Tag geschah nichts; am Nachmittag döste ich ein und erwachte erst, als sich bereits drei Tiger an dem Wasserbüffel gütlich taten. Zwei gesellten sich noch dazu – so hatte sich tatsächlich die ganze fünfköpfige Tigerfamilie bei mir versammelt. Der einzige Pferdefuß war, daß es schon zu dunkel war, um das Gelage zu filmen!

Trotzdem war der Anblick der fünf schmatzenden Raubtiere einmalig, wenn auch beängstigend. Ich war unbewaffnet und saß kaum gedeckt vor ihrer Nase – was würde geschehen, wenn sie sich von mir beim Schmaus gestört fühlten? Die Graswand schien sich vor meinen Augen aufzulösen . . .

Zu allem Überfluß sonderte sich nun einer der fünf von seinen Spießgesellen ab und umkreiste meine dürftige Bleibe mit merklichem Interesse – ich hätte in meinem Angstschweiß baden können! Anscheinend machte Mutter Tigerin einen Kontrollgang. Zu meiner namenlosen Erleichterung kehrte sie aber wieder zu den anderen zurück, ohne mich als Dessert in Betracht gezogen zu haben. Gemeinsam schleppten sie den Büffel ins Dickicht. Es war eine lange Nacht, als ich darauf wartete, daß die Familie sich verziehen würde. Als der Morgen graute, zeigte mir die Ankunft eines Geierschwarmes an, daß die Luft rein war. Ich kehrte total erschöpft heim.

Was das Mikrofon von den Tischsitten der Tiger eingefangen hatte, war schaurig-schön anzuhören. Höchst realistisch bezeugten einige dumpfe Poltergeräusche, daß die Katzen mehrmals über das Mikrofon gestolpert waren . . .

Insgesamt verbrachte ich an die 50 Tage und mehr als 20 Nächte in dem Unterstand. Eines Tages, etwa eine Stunde vor Sonnenuntergang, glückten mir sensationelle Aufnahmen: Ein Tiger sprang dem Köderbüffel auf den Rücken, und riß ihn nieder, ein zweiter biß ihm die Kehle durch – und das alles vor der Linse meiner Kamera. Diese ersten Filmaufnahmen von Tigern in freier Wildbahn habe ich später zu einem etwa 20minütigen Dokumentarfilm zusammengeschnitten. Wenn ich heute das Resümee meines Lebens mit den Tigern ziehe, dann möchte ich hier folgendes festhalten:

Jahrelang habe ich die Tiger nur über Kimme und Korn kennengelernt und bin dabei zu einem Bewunderer dieser hinreißenden Raubkatzen geworden. Sosehr mich der Dank jener Menschen berührt hat, die ich aus Todesängsten befreien konnte – eine viel tiefere Befriedigung als die Treffer mit der Büchse vermittelten mir die Schüsse mit der Filmkamera. Es ist für mich immer noch ein unübertroffenes Erlebnis, daß es mir als damaliger Amateur aus Österreich gelungen ist, noch nie dagewesene Aufnahmen zu machen. Es ist mir freilich bewußt, daß man Menschenfressern nicht mit der Kamera auf den Pelz rükken kann . . .

Einige meiner persönlichen Unarten hatten sich bei dieser Filmpremiere als Vorteile herausgestellt. Als passionierter Einzelgänger (Mitjäger machen mich nervös) hatte ich viel bessere Chancen als ein mit allen Schikanen ausgerüstetes Kamerateam, das auch bei größter Vorsicht mehr Geräusche macht als ich, wenn ich allein und auf Socken durchs Unterholz schleiche.

Ich gehe tatsächlich auf Socken, wenn ich mich an ein Raubtier heranpirsche. Es ist die einzige Möglichkeit, daß man als Mensch im Dschungel nicht so deplaciert wirkt wie ein Elefant im Porzellanladen. Einige Unannehmlichkeiten muß man dabei allerdings in Kauf nehmen: Nach so einer Pirsch hat man ein Weilchen zu tun, um die Füße wieder von Dornen und Kletten, Blutegeln, Zecken und anderem Kleingetier zu befreien. Ein noch unangenehmerer Nebeneffekt dieser fast lautlosen Fortbewegungsart ist, daß man Schlangen aufschreckt:

Stapft man in ordentlichem Schuhwerk durchs Gelände, spüren die Reptilien die Bodenerschütterung und schlängeln sich davon – sie sind nämlich genausowenig wie der Mensch auf eine Konfrontation erpicht. Bei meiner Sockenpirsch aber überraschte ich manchmal eine ahnungslose und friedfertig vor sich hindösende Schlange, die dann in ihrem Schrecken hysterisch reagierte und nach mir schnappte, weil sie sich ihrerseits bedroht fühlte. Das ist ein Mißverständnis, das sich leider nicht vermeiden läßt. Zu meinem Glück ist eine erschrockene Schlange genausowenig ziel- und treffsicher wie ein erschrockener Jäger, so daß wir dann meistens doch noch unbehelligt aneinander vorbeigekommen sind.

Bedauerlich ist, daß zu den Fremdgeräuschen, die eine Wildkatze verscheuchen, auch das Surren einer Filmkamera gehört. Viele Beobachtungen, die ich im Dschungel gemacht habe,

FARBTAFEL 15

kann ich deshalb nur erzählen und dem Filmemacher in mir blutet dabei das Herz. Mit der Zeit wurde ich allerdings immer raffinierter im Erfinden von Kameraverstecken, von denen einige für Außenstehende sehr komisch ausgesehen haben müssen.

Für den Fernsehfilm »Im Dschungel des Schir Khan« besorgte ich mir einige von den großen Körben, in denen die Inder ihr Getreide aufbewahren. Diese paßte ich der Umgebung an, indem ich sie mit Lehm und Grasbüscheln tarnte. Ich fühlte mich auch verhältnismäßig sicher in diesen »Behausungen«, denn zum Unterschied zu den menschenfressenden Leoparden, die ihre Opfer auch aus Häusern und Hütten herausholen, schrekken die Tiger davor zurück – jedenfalls habe ich sehr gehofft, daß ich mit dieser weitverbreiteten Ansicht nicht im Irrtum war und die Erfahrung hat mir bisher recht gegeben.

Ich stellte also diese Reiskörbe, die etwa zwei Meter Durchmesser und zwei Meter Höhe haben, an verschiedenen Ecken einer Teeplantage auf, schnitt Schießscharten und Ausgucklöcher hinein und wartete geduldig, daß ein Tiger vorbeikommen würde. Hätte es sich um einen Menschenfresser gehandelt, dann hätte die Kamera-Arbeit natürlich zurückstehen müssen, bei aller Begeisterung für die Filmerei ist mir mein Leben doch lieber als ein paar Meter Film. Wenn es so still war, daß ich den Eindruck hatte, das Surren der Filmkamera würde stören, begnügte ich mich auch mit Fotoaufnahmen.

Ich hatte also allerhand in mein Körbchen mitzunehmen: Die Kameras und die Filme, etwas Verpflegung – z. B. die Chapatis, das sind Brotfladen aus Vollkornmehl, die mit stark gewürztem Gemüse gefüllt werden – und eine Thermosflasche mit Tee. Dazu, weil einen ja bei diesen stundenlangen Sitzungen auch einmal ein menschliches Rühren ankommt, eine Flasche, in die ich meine Geschäfte verrichten konnte. Das ist auch am Hochsitz unumgänglich, ein Wasserfall in hohem Bogen würde zu viel Lärm machen.

Der Ansitz in den Körben hatte gegenüber dem Hochsitz den Vorteil, daß man etwas vom Tau und den großen Temperaturschwankungen geschützt war. Trotzdem ist das stundenlange

FARBTAFEL 16

Stillsitzen kein Vergnügen. Wenn ich am Morgen nach so einer Nacht aus dem Korb kroch, waren meine Glieder steif und wie abgestorben. Ich bewegte mich wie ein alter, gichtiger Mann. Erstaunlicherweise habe ich mich trotz der Temperaturschwankungen von 15 Grad zwischen Tag und Nacht nie erkältet.

Qualvoll ist es, wenn man beim Ansitz von einem Hustenreiz überfallen wird – ich versuchte dann, das Geräusch zu dämpfen, indem ich meinen Kopf unter eine Decke steckte.

Beim Ansitzen hat man viel Gelegenheit zum Nachdenken. Manchmal aber überfällt einen auch eine absolute Gehirnleere und ich erinnerte mich dann an meine Militärzeit: Dort galt das geflügelte Wort, der Eignungstest für einen Stabsfeldwebel bestehe darin, daß er imstande sei, mindestens 24 Stunden beim Fenster hinauszuschauen, ohne irgend etwas dabei zu denken. Dieses nicht sehr schmeichelhafte Talent habe auch ich in einsamen Stunden bis zur Wissenschaft weiterentwickelt.

Ich glaube, ich bin auch der einzige Tierfilmer, der eines Nachts in einem Baum aufwachte und sich an einem Seil hängend fand – zum Glück war es nicht um den Hals, sondern um die Leibesmitte geschlungen. Ich hatte mich vorsorglich festgezurrt, weil ich schon geahnt hatte, daß mich der Schlaf im Hochsitz übermannen könnte. Es war nach vielen Tagen der Jagd und ich war so erschöpft, daß ich, wie man sagt, beinahe schon im Stehen eingeschlafen wäre. Da hing ich denn wie ein Lebkuchen am Weihnachtsbaum, doch glücklicherweise außerhalb der Reichweite eines Raubtieres auf dem Boden.

Eine Dynastie von Menschenfressern

Dieser Zwischenfall passierte im unzugänglichen Bergland von Abutschmar. Wochenlang war ich täglich viele Kilometer zu Fuß unterwegs gewesen und ich glaube, daß ich zuletzt ziemlich unterernährt war. Überdies hatte mich die übermäßige Vorsicht erschöpft, denn ich wußte nur zu gut, mit welchem Gegner ich es hier zu tun hatte:

Die Tigerin, auf deren Spuren ich auf leisen Socken unterwegs war, hatte an die 300 Menschen gerissen. Als ich davon erfuhr, hatte ich die Jagd mit der Großwildbüchse längst aufgegeben und war nur noch mit der Filmkamera unterwegs. Doch das Abenteuer der Jagd auf diesen Rekordtiger reizte mich so sehr, daß ich mich auf die lange Fahrt in den Bezirk Bastar und hier bis an die Zähne bewaffnet auf die drei Tagereisen in den Bergdschungel machte.

Was ich dort erfuhr und erlebte, übertraf alle meine Erwartungen. Fast jeden Tag gab es dort oben ein Menschenopfer. Ganze Dörfer waren von ihren Bewohnern verlassen worden, auf Schritt und Tritt stieß ich auf verkohlte Schädel. Hier spielte sich Schlimmeres ab als einst in den römischen Arenen, wo man hungrige Raubtiere auf unbewaffnete Christen gehetzt hatte.

Ich erkannte sofort an den Spuren, daß der Menschenfresser, der seine blutige Herrschaft über ein Gebiet etwa so groß wie der Bodensee ausübte, ein Weibchen war. Sie überlistete mich innerhalb der fünf Monate, die ich ihr folgte, ein um das andere Mal. In allen Himmelsrichtungen stieß ich auf ihre Risse, und immer waren es Menschenopfer. Zwischendurch mußte ich sogar für längere Zeit aufgeben und nach Europa zurückkehren, weil meine Gesundheit in diesem Malariagebiet zu sehr angegriffen worden war.

Ich habe nie vorher oder nachher eine so völlig verstörte Bevölkerung mit allen Zeichen der Verzweiflung und Resignation angetroffen wie in Abutschmar. Es gab kein Dorf, das nicht eine mehr oder minder große Zahl ihrer Einwohner durch die Tigerin verloren hatte; in einem waren es über 40, in einem anderen »nur« 28. Wenn sie nicht verhungert und verdurstet wären, hätte keiner von ihnen mehr einen Fuß auf die Felder oder zu den Brunnen hinaus gesetzt.

Eines Tages hatte die Tigerin das Versteckspiel offenbar satt. Obwohl ich laut mit meinem Koch, der gleichzeitig mein zweiter Kameramann war, gesprochen hatte, kam sie aus dem Grasland auf uns zu. Es mußte ein Tier sein, das keine Scheu vor

Menschen hatte. Und tatsächlich sehe ich kurz darauf die schwarzen Streifen auf gelbem Grund an einem Bambusstrauch vorbeigleiten. Sie überquert im Sprung eine offene Stelle des Graslandes, kommt direkt auf mich zu. Als ihre Maske 20 Meter vor mir zwischen den tiefgrünen Sinkandablättern auftaucht, drücke ich ab: Ich sehe, wie der Körper zur Seite kippt, sich wieder aufrafft und im Dschungel verschwindet.

Nach fast einer Stunde folgte ich ihr, begleitet von steinewerfenden Einheimischen. Am Rande des Graslandes sahen wir sie: Die Tigerin von Abutschmar lag auf der linken Seite, über ihre Lefzen sickerte Blut, kein Funken Leben war mehr in ihr . . .

Insgesamt sind in diesem abgelegenen Bergland in den Jagdrevieren mehrerer Tiger im Laufe eines Jahrzehnts über tausend Menschen gerissen worden. Soviel ich in Erfahrung bringen konnte, unterschieden sich die Killer dort oben von allen anderen Menschenfressern, mit denen ich es im Laufe der Zeit zu tun gehabt hatte: Ebenso wie die Tigerin mit den 308 Menschenopfern, waren sie alle unverletzt. Es waren also gesunde Tiere, die imstande gewesen wären, jedes Wild zu jagen. Ich neige aufgrund verschiedener Indizien zu der Ansicht, daß es sich um eine Menschenfresserfamilie gehandelt hat. – Irgendwann einmal hat eine verletzte Tigerin sich dort oben auf die Menschenjagd spezialisiert, ihre Kinder zu Man-Eatern erzogen, diese haben ihre Erfahrung wieder an ihre Jungen weitergegeben, und so entwickelte sich eine regelrechte Dynastie von Menschenfressern.

Als die Bewohner der Dörfer von Abutschmar das große, 180 Kilo schwere Tier tot liegen sahen, wirkten sie zuerst wie erstarrt. Es dauerte eine ganze Weile, bis sie in einem Freudentaumel ausbrachen, der dann mehrere Tage und Nächte währte. Und jede dieser Stunden erfüllte sie stärker mit der Gewißheit, daß die »Pranke des Schicksals« nie mehr zuschlagen konnte.

Das Duell

Simsalabim –
es gibt gar keine Menschenfresser!

. . . da hatte der Tiger ihre Freundin
zwischen den Fangzähnen

600 Arbeiter streiken aus Angst

Wie ich vom Jäger zum Köder geworden bin

Der Trick der aus dem Brahmaputra kam
(oder ein Königreich für ein Gewehr)

Es mag vielleicht unpassend erscheinen, wenn in meinem Dschungelbuch auf einmal von Mördern und Gaunern die Rede ist. Aber zu meinem Bedauern komme ich an diesem Thema nicht vorbei, weil es so große Bedeutung erlangt hat. Deshalb hoffe ich auf Ihr Verständnis für mein Anliegen, das ich mit dieser Schilderung verbinde.

Es hatte damit begonnen, daß sich die Polizei für eines der vielen Dramen im Dschungel interessierte: Ein Angehöriger eines primitiven Stammes gab an, daß seine Frau von einem Tiger gefressen worden sei. Die Beamten gingen der Sache nach, und siehe da, die Frau war keinem Raubtier, sondern ihrem Ehemann zum Opfer gefallen. Dieser hatte sich einer anderen Stammesgenossin innig verbunden gefühlt und aus diesem Grund sein ihm hinderliches Eheweib kurzerhand aus dem Weg geräumt. Die Schuld für das Verschwinden seiner Frau schob er den Tigern zu, die ohnehin einschlägig vorbelastet waren.

Wie diesem Mann kam die Polizei auch einigen anderen auf die Schliche, denn die Idee mit den menschenfressenden Scheidungsrichtern war kein Einzelfall geblieben; es passierte hin und wieder, daß Raubtieren menschliche Verbrechen zur Last gelegt wurden. Diese Diskriminierung von Tigern erreichte ihren traurigen Höhepunkt, als Jagdgesellschaften den Abschuß von Raubkatzen zum exklusiven Sport erhoben. Die Veranstalter schreckten nicht davor zurück, Ausländern nach einem Abschuß Schmuck zu überreichen, der angeblich in den Eingeweiden des erlegten Tieres gefunden worden war. Nach ihrer Darstellung konnte das Geschmeide nur auf die Weise dort hineingelangt sein, daß der Tiger vorher einen Menschen gefressen hatte: Es handelte sich also um eine bösartige Bestie und ihr Bezwinger konnte sich als Held fühlen.

Tatsächlich gibt es unter den Tigern Indiens echte Menschenfresser, wenn es ihnen gelegentlich auch »angedichtet« wurde, wie ich es oben beschrieb. Das aber wollten die Tierschützer in aller Welt nicht wahrhaben. Für sie waren jetzt einfach alle Nachrichten, die von menschenfressenden Tigern handelten, erfunden und erlogen. Tiger waren plötzlich nur noch unschuldige Großkatzen, die um jeden Preis geschützt werden mußten.

Verstehen Sie nun, weshalb ich an dieser Stelle auf Betrug und Gewalttaten zu sprechen kommen mußte? Es darf nicht dazu kommen, daß man verbrecherische Machenschaften nur dazu benützt, um seine Vorstellungen in der Öffentlichkeit zur Geltung zu bringen – so edel diese auch immer sein mögen; in diesem Fall war das Hauptmotiv, die Tiger vor dem Aussterben zu bewahren. Es ist überaus fragwürdig, wenn zur Erlangung dieses Zieles eine Randerscheinung zum eigentlichen Kern des Raubtierproblems hochgespielt und die Thematik dadurch verfälscht wird.

Oder mit anderen Worten: Es kann nur schiefgehen, wenn eine extreme Verhaltensweise durch eine noch maßlosere abgelöst wird. Der hemmungslosen Ausrottung der Raubkatzen folgte der Tigerschutz um jeden Preis, dem Gemetzel unter diesen Tieren das Blutbad unter den Menschen . . .

Als ich die Tigerin von Abutschmar erlegt hatte und die Meldung darüber durch die indische Presse ging, schrieb mir ein Rechtsanwalt einen Brief. Er dankte mir darin im Namen der Bewohner dieses Hochlandes, daß ich sie von diesem Schrekken erlöst habe. Aber mehr noch, so schrieb er damals, fühle er sich deshalb zu Dank verpflichtet, weil ich das Augenmerk der Menschen, die in Städten in Sicherheit leben, wieder auf die Nöte vieler ihrer Landsleute gelenkt habe.

An diese Zeilen mußte ich denken, als ich in meinem Archiv Zeitungsausschnitte und die neuesten Bücher zum Menschenfresserproblem durchblätterte. Vor Jahren war behauptet worden, daß es nur noch 500 oder höchstens 1000 der gestreiften

Großraubkatzen in Indien gäbe. Deshalb war das Projekt »Tiger« gestartet worden, um diese Katzenart vor dem Aussterben zu bewahren.

Menschenfresser – gibt's die überhaupt?

Sie kennen doch sicherlich das rüde Männerwort, daß man wenig attraktive Frauen nur »schönsaufen« müsse – im Dunstkreis des Alkohols seien sie dann doch ganz passabel. Mit den menschenfressenden Tigern hat man es ähnlich gemacht: Weil sie nicht in das Genre einer unbedingt erhaltenswerten Art paßten, wurden sie einfach »schöngeschrieben«: Sie wurden zu einer Art von Salonkatern umfunktioniert.

Ich bin all die Jahre in Indien mit Nachdruck dafür eingetreten, daß man den wilden Tieren ihren Lebensraum läßt. Ich habe, wann immer ich Gelegenheit dazu hatte, gegen die schrankenlose Kultivierung des Dschungels Stellung bezogen. Ich habe in Wort und Bild unermüdlich die Bedeutung der Wildschutzgebiete herausgestellt. Ich weigere mich jedoch mit Entschiedenheit dagegen, Menschenfresser zu sanften Lämmern hochzustilisieren. Was in Indien von gewissen Minoritäten lautstark propagiert wird, ist entarteter Tierschutz!

So hat einer der maßgeblichen Leute dieser Bewegung ein Buch über Tiger geschrieben, das als Herzensbrecher seinen Weg machen könnte. In seiner Rührseligkeit geht er sogar so weit, diese Raubtiere als »meine Kinder« zu bezeichnen. In seiner geheuchelten Rührseligkeit, wie ich hinzufügen möchte: Kann ich mich doch noch sehr gut an jene Zeiten erinnern, als der selbsternannte Tigerpapa sich seine Lieblinge zutreiben ließ, um sie seelenruhig abzuknallen. Damals, als er noch Forstbeamter war, hatte er sich ein Vergnügen daraus gemacht, sogar seine Freunde zu dieser blutigen Hatz einzuladen; heute stellt er die Tiger mit einem Mal den heiligen Kühen gleich, frei nach dem Motto: Was geht mich meine Schießwut von gestern an . . .

Soll ich mich heute rühmen, daß ich schon frühzeitig das Großwildgewehr mit der Kamera vertauscht habe? Es wäre Heuchelei, denn ich habe zu viele Menschen erlebt, die den Tiger in seiner Unberechenbarkeit kennenlernten. Ich habe mit den vor Schmerz erstarrten oder von Weinkrämpfen geschüttelten Hinterbliebenen gesprochen, wenn wieder einmal einer von ihnen zugeschlagen hatte. Und nichts kann mich von meiner Überzeugung abbringen, daß es in solch einer Situation heißen muß; Auge um Auge, Zahn um Zahn – hier gebührt dem Menschenschutz absoluter Vorrang vor dem Tierschutz!

Aber – warum steigere ich mich da hinein? Im Zuge der Tigervergötzung ist doch eindeutig zum Ausdruck gebracht worden, daß es gar keine Menschenfresser gibt: Es handelt sich nach dieser Auffassung um nichts als einen Mythos, eine Sage . . . Ich muß all die Jahre einem scheckigen Traum aufgesessen sein. Diese menschlichen Überreste, gräßlich verstümmelte Leichenteile, müssen meiner abartigen Phantasie entsprungen sein. Denn ich lese es ja schwarz auf weiß – außer einigen wenigen Unglücksfällen passiert doch in Wirklichkeit gar nichts. Alles nur hochgespielt, reine Hysterie . . .

Was sind das für Leute, die mit einem Mal die großen Tierschützer mimen? Was wissen sie von den Menschen in diesen Gebieten, die im wahren Sinne des Wortes die Zeche für die ehrgeizigen Bestrebungen einiger Phantasten bezahlen müssen? Allein der Verlust an Nutztieren fordert ihnen alljährlich einen Tribut von 50 Millionen Rupien ab (vom eigenen Blutzoll und Leid gar nicht erst zu reden).

Früher hat man wilde Tiere hemmungslos ausgerottet, heute ist das gegenteilige Extrem in Mode. Aus bestimmten Bereichen der Tierschutzbewegung hat sich eine Sekte formiert – Kritiker sprechen von einer »neuen Religion«. Ihre Anhänger verschließen die Augen davor, daß es nun einmal auch Schadwild gibt, Schadwild deshalb, weil es den Bauern den letzten Ochsen vom Pflug wegholt, weil es Familien den Ernährer, Kindern die Mutter raubt.

In die Enge getrieben, wissen die Sektierer immer noch einen Ausweg. Sie reden vom »Reformieren« der Menschenfresser. Das gute Tier, so meinen sie, sei vielleicht nur zu nahe an menschliches Territorium herangekommen; man müsse es nur weglocken und dann sei alles wieder gut. Solche Leute plaudern einfach über die Tatsache hinweg, daß zum Beispiel im Falle des Sarada-Menschenfressers dieser Reformgedanke immer weitere Menschenleben gefordert hat. Aber selbst, als der »reformierte« Killer 15 Menschen gerissen hatte, wurde er immer noch nicht zum Abschuß freigegeben. Es handelt sich dabei nicht etwa um einen Einzelfall: Beim Gola-Menschenfresser etwa wurde die Abschuß-Erlaubnis erst erteilt, als er 13 Menschen getötet hatte.

Ich bekam die Folgen der neuen Tierschutz-Religion am eigenen Leibe zu spüren, und ich hatte – wie ich noch schildern werde – Zeit und Muße, mich damit gründlich auseinanderzusetzen. Was mich dabei am meisten ergrimmte, war die Tatsache, daß die Zeit noch gar nicht so lange zurücklag, als die neuen Tierschützer sich noch wie Maharadschas aufspielten, die zuviel Zeit und Geld hatten.

Das war in der Zeit, als den Forstbeamten in gehobener Position Hunderte von Untergebenen sowie Elefanten zu Treibjagden zur Verfügung standen, wie einst den Maharadschas. Sie kletterten über eine Strickleiter auf die mit einer Plattform ausgerüsteten Elefantenrücken und harrten dort des Raubwilds, das ihnen von der lärmenden Meute zugetrieben wurde. Damals wurde die Zahl der Tiger in Indien von rund 10000 auf 1000 oder 2000 dezimiert. Einer dieser Wildschützen hat sich mir gegenüber einmal gerühmt, daß er in zwei Jahren 50 Tiger abgeschossen habe – ein ebenso ungefährliches wie todsicheres Unternehmen. Von mir jedoch wurde erwartet, daß ich, auf mich allein gestellt und ohne angemessene Bewaffnung, den angeblich gar nicht existierenden Menschenfressern gegenübertreten sollte. Doch alles schön der Reihe nach . . .

Zu jener Zeit, als ich beabsichtigte, meinen Film über die Elefantenfänger von Assam zu drehen, benötigte ich eine offizielle Bewilligung zum Betreten dieser Dschungelgebiete. Sie waren Sperrgebiete für Ausländer, denn die Grenze zu China ist nahe und die militärische Auseinandersetzung mit diesem Land Anfang der 60iger Jahre war in Indien unvergessen. Zuerst waren die Amerikaner, dann die Russen in dieser Region als Militärberater tätig, und es lag mir wirklich nicht im Sinn, als Spion hinter Gitter zu wandern.

... da schaute sie einem Tiger in die Augen

Ich spazierte also den Vorschriften gemäß in das Büro der obersten Verwaltungsbehörde des nordostindischen Bundesstaates Assam in der Hauptstadt Gauhati, sagte mein Sprüchlein auf und legte meine Referenzen vor. Der leitende Beamte sah mich aufmerksam an und sagte: »Aber ich kenne Sie doch!« Und siehe da, er konnte sich tatsächlich an Presseberichte über meine Jagden auf Menschenfresser erinnern.

Der Mann wurde zusehends aufgeräumter, aber statt mit mir über die Elefantenfänger zu sprechen, sagte er: »Wir haben ein Problem mit einem menschenfressenden Tiger, direkt vor unserer Haustüre sozusagen. Sie kommen gerade richtig.« Er schilderte mir die Details und ich nahm an, daß er erwartete, ich werde das Raubtier abschießen. Doch er meinte: »Wir versuchen seit längerem, diesen Tiger einzufangen. Wir haben einen Mann, der einige Erfahrung mit Fallen hat – aber es klappt und klappt nicht. Könnten Sie es nicht mit dem Narkosegewehr versuchen?«

Da saß ich nun, mit dem Schwarzen Peter in der Hand, und versuchte meine Empfindungen hinter einem Pokergesicht zu verbergen. Wenn ich nein sagte, dann entging mir vielleicht ein riesiges Abenteuer. Sagte ich aber zu – dann mußte ich auch alle Risiken auf mich nehmen! Ich hatte soviel mit diesen raffinierten Großraubkatzen zu tun gehabt, daß ich kein großes Bedürfnis verspürte, ihnen ohne meine schwere Winchesterbüchse in die Quere zu kommen. Außerdem war da eine instinktive

Unruhe in mir; sie schien mich zu warnen, mich auf dieses Abenteuer einzulassen. Ich mußte bald zur Kenntnis nehmen, wie sehr ich mich in dieser Hinsicht auf meine Gefühle verlassen konnte.

Der Herr vor mir hinter seinem Schreibtisch war freundlich und keineswegs so sicher, daß ich annehmen würde, das merkte ich sofort, denn er meinte, daß ich mir das schon gut überlegen sollte. Ich sagte zu . . .

So nahm ich dann das nächste Flugzeug nach New Delhi, packte mein Narkosegewehr ein, flog wieder zurück nach Gauhati und war die ganze Zeit über krampfhaft bemüht, nicht an meinen Auftrag zu denken. Ich hatte bis dahin nur Bären mit dieser Waffe gejagt, aber Tiger – und noch dazu einen Menschenfresser? Ich fuhr die 25 Meilen nach Chandrapur, dem Ort des Geschehens, und setzte mich dort mit der Forstbehörde in Verbindung. Der Ort liegt unweit des Brahmaputra, eines der Hauptflüsse Indiens.

In Chandrapur war der Teufel los. Die Einwohner waren in höchster Erregung. Im Laufe des vergangenen Jahres waren hier vier Menschen einfach verschwunden und niemand konnte sich einen Reim darauf machen, weil nicht die geringste Spur gefunden worden war. Aufgrund der jüngsten Ereignisse aber war es ihnen allen wie Schuppen von den Augen gefallen. Eine junge Frau, die vor wenigen Tagen schreiend aus dem Dschungel gelaufen kam, hatte des Rätsels Lösung mitgebracht: ein menschenfressender Tiger trieb in der Gegend sein Unwesen.

Ich wurde mit der Frau bekanntgemacht und sie schilderte mir, was sich begeben hatte. Eine Gruppe von Frauen war am Morgen nach Sonnenaufgang in den Dschungel hineingegangen, um dort Gras für das Vieh zu schneiden. Mit Nilima Sangma, einer Mutter von fünf Kindern, hatte sie sich im Laufe der Arbeit von den übrigen abgesondert. Da geschah es:

Die Inderin sah einen Schatten an sich vorbeihuschen und hörte einen dumpfen Schlag. Als sie aufblickte, schaute sie in die Augen eines Tigers, der die offensichtlich leblose Nilima Sangma im Fang hielt. Es war die Begegnung eines Augenblicks – dann verschwand die Raubkatze mit ihrer menschlichen Beute im Dickicht.

Die Augenzeugin dieses Dramas ließ vor Entsetzen ihr Werkzeug fallen. Nachdem sich die Starre ihre Glieder gelöst hatte, begann sie zu rennen, ohne nach links und rechts oder auf den Boden zu schauen, geradewegs auf den Dschungelrand zu. Sie sah die Textilfabrik, die dicht am Urwald gelegen war, und gleichzeitig löste sich der erste Schrei aus ihrer Kehle. Sie schrie und rannte auf das Gebäude zu. Als sie die ersten Menschen sah, versagten ihr die Beine und sie brach zusammen.

Das war das Wesentliche der Erzählung. Sie sagte mir alles und doch gar nichts. Zwar wußte ich nun, daß sich in dieser Gegend tatsächlich ein menschenfressender Tiger aufhielt. Aber ich hatte keine Ahnung, ob es sich um einen Unglücksfall handelte, weil die Frauen zum Beispiel zu nahe an Tigerjunge herangekommen waren, oder ob es sich um ein Raubtier handelte, das sich auf Menschen spezialisiert und einige gerissen hatte. Diese Kenntnis aber war Vorraussetzung dafür, wie ich mich bei der Jagd zu verhalten hatte. Einem echten Menschenfresser ohne eine schwere Waffe nachzustellen, erforderte ein Übermaß an Vorsicht.

Wie ein Lauffeuer hatte sich die Schilderung der Tragödie in der ganzen Umgebung verbreitet. Obgleich umgehend Suchtrupps ausgesandt worden waren, blieb die Leiche der Frau unauffindbar. Nilima Sangmas Mann wollte die Überreste verbrennen, um die Totenriten abhalten zu können, denn dieser Zeremonie wird bei den Hindus große Bedeutung beigemessen. Also mußte ich mich auf die Suche machen.

Die Dorfbewohner weigern sich, zur Arbeit zu gehen

Ich kenne viele Dschungelgebiete Indiens, aber solch ein Dikkicht wie dort am Brahmaputra ist mir kaum einmal untergekommen. Mit dem Buschmesser mußte ich mir meine Pfade bahnen. Ich wußte, daß ein Tiger seine Beute höchstens einen halben Kilometer weit vom Ort des Risses wegträgt. Dennoch habe ich in einem Umkreis von mehr als einem Kilometer das ganze Gebiet abgesucht – ein schwieriges Unterfangen von vielen Tagen, durchaus mit der Suche nach der berüchtigten Nadel im Heuhaufen vergleichbar. Das Gebiet, in dem der Tigerüberfall stattgefunden hatte, war mit Bambus und einer besonderen Art von Bodendeckern völlig überwuchert. Wenn ich mich Schritt für Schritt hineinkämpfte, hatte ich beinahe das Gefühl, bis zum Bauch im Wasser zu stehen.

Der langen Schilderung kurzer Sinn: Nilima Sangma blieb ebenso verschwunden wie jene Menschen, die seit Monaten vermißt wurden. Der Tiger von Chandrapur war Tagesgespräch und in der Textilfabrik am Rande des Dschungels gab es einen Aufruhr. Die Arbeiter konnten aus den Fenstern auf der Rückseite des Gebäudes direkt in das Dickicht hineinblicken, in dem der Tiger die Frau getötet hatte. Nur 200 Meter entfernt von ihnen hatte sich das Schreckliche zugetragen, sie hätten es, wenn schon nicht sehen, so doch mitanhören können. Die Phantasie der Leute trieb schauerliche Blüten und so dauerte es nicht lange, bis sich die 600 Beschäftigten weigerten, sich nachts auf den Weg zur Fabrik oder auf den Heimweg zu machen; das aber war wegen der Schichtarbeit ein ganz und gar unmöglicher Zustand.

Die Werksleitung mußte einen eigenen Zubringerdienst mit Bussen organisieren, in Indien eine völlig unübliche Verfahrensweise, und natürlich eine ganz erhebliche finanzielle Belastung. Aber die Panik war allgemein, und niemand wußte ein Mittel dagegen. Auf meinen Pirschgängen traf ich kaum einen Menschen an, auch die Fischer am Brahmaputra hatten ihre bunten Netze im Stich gelassen.

Selbst der Fallensteller, der schon einige Tage tätig war, verkroch sich in seinem Zelt am Dschungelrand und kontrollierte zweimal am Tage die Falle, die er unweit der Straße aufgestellt und in die er eine Ziege gesperrt hatte. Sein Vater hatte vor vielen Jahren den einen oder anderen Tiger damit eingefangen –

nie jedoch einen Menschenfresser. Der Sohn hatte noch wenig Erfahrung.

So kam es denn, daß ich die meiste Zeit unterwegs war, um an Wildwechseln Hochstände einzurichten und nach Spuren des Tigers zu suchen, von denen ich am Ort seines Überfalls auf die Frau Gipsabdrücke gemacht hatte. Dabei mußte ich jederzeit damit rechnen, daß mich die Raubkatze angriff. Menschenfresser sind auch tagsüber auf Beute aus, weil sie genau wissen, daß die Zweibeiner dann um so eher anzutreffen und im allgemeinen auch sorgloser sind.

Da schlich ich also dahin mit meiner Gewehrattrappe. Zwar hatte ich das richtige Narkosemittel und auch die richtige Dosierung im Lauf; aber ich war mir stets bewußt, wie zäh Tiger sind. Meine Hoffnung lag in dem Überraschungsmoment: Ich hoffte, daß das Raubtier, sobald es die Narkosepatrone traf, kurz erschrecken und abdrehen würde. In diesem Fall wäre die Auseinandersetzung schon halb gewonnen gewesen, denn vor dem zu erwartenden zweiten Angriff hätte das Gift seine betäubende Wirkung schon getan. Sollte der Tiger aber nicht abdrehen, wäre ich zweiter Sieger . . .

Die Tage verstrichen, und der Killer von Chandrapur schien überhaupt keinen Gedanken daran zu verschwenden, sich an die Ziege in der Falle heranzumachen. Dafür fand ich bei einem meiner Pirschgänge eine gerissene Kuh. Die Spuren verrieten mir eindeutig, daß es sich um denselben ausgewachsenen Tiger handelte, der die Frau getötet hatte. Das Rind lag, in zwei Stükke gerissen und erst angefressen, zum Teil auf einem Wildpfad, zum Teil im Gestrüpp. Es bestand gute Aussicht, daß der Räuber zu seinem Schmaus zurückkehren würde. Also ließ ich mir in aller Eile von Leuten, die mir die Forstverwaltung zur Verfügung stellte, einen Hochsitz an dieser Stelle errichten. Dort saß ich dann und wartete, in drei Meter Höhe, durch Bambus getarnt.

Je mehr Zeit ich hatte, über meine Situation nachzudenken, um so ungemütlicher fand ich sie. Genaugenommen war jetzt ich derjenige, der in der Falle saß. Denn wenn es der Tiger auf mich abgesehen hatte, dann waren die drei Meter, die ich mich über dem Erdboden eingenistet hatte, kaum ein Hindernis für ihn. In Jagdbüchern ist mehrfach beschrieben worden, daß Tiger einen Jäger aus einem Baum geholt haben, oder daß sie zumindest den Versuch unternommen haben. Ich starrte an Bambuszweigen vorbei auf den größeren Teil des Kuhkadavers und hoffte inbrünstig, daß dem Raubtier bei diesem Anblick das Wasser im Maul zusammenlaufen würde und daß es sich für nichts weiter sonst interessierte.

Wenn der Dschungel verstummt

Ich hörte das langgezogene Brüllen, das tief aus einer riesigen Kehle kam, gegen vier Uhr nachmittags. Der drohende Laut erscholl nicht weit hinter mir und riß mich aus meinem Brüten. Jetzt mußte es endlich zu einer Konfrontation kommen, dachte ich. Und wirklich kam es dazu –, wenn auch ganz anders, als ich mir das vorgestellt hatte.

Behutsam schob ich das Narkosegewehr durch die »Schießscharte« in Richtung auf den Kadaver. Der Dschungel war nach den ersten Alarmrufen einiger Hirsche völlig verstummt, ein untrügliches Zeichen dafür, daß der Tiger ganz in der Nähe war. Wenn ein Großraubtier erscheint, ist das in der Tierwelt ähnlich wie unter Menschen beim Auftritt einer Majestät: Nach der ersten Aufregung versinkt der Hofstaat in untertäniges Schweigen.

Was dann geschah, kam für mich völlig überraschend. Mit einem Mal hörte ich das Krachen von Knochen, obwohl der Kadaver vor mir unberührt blieb. Ich hörte den Tiger fressen, ohne ihn zu sehen. Daß er sich über das abgetrennte Reststück hermachen würde, das vielleicht zehn Meter weiter entfernt im Busch lag, damit hatte ich nicht gerechnet. Er mußte knapp unter mir vorbeigekommen sein und vergnügte sich jetzt außerhalb meiner Sichtweite mit seinem Mahl.

Hatte er mich bemerkt? Tiger haben weitaus bessere Augen

und Ohren als Menschen. Wußte er, daß ich hier oben saß, während er dort unten mit seiner Vorspeise beschäftigt war? Ich zuckte unwillkürlich innerlich zusammen. Mir war der Begriff Vorspeise nur deshalb in den Sinn gekommen, weil ich ihm den größeren Teil des Kadavers, der in meinem Schußfeld lag, von Herzen gönnte. Aber wußte ich, ob sich das Raubtier nicht eine ganz andere Hauptmahlzeit ausgewählt hatte? Mir schien plötzlich alles möglich.

Ich saß unruhig da und wartete. Die Freßgeräusche waren verstummt. Würde das Raubtier sich jetzt endlich über den anderen Teil seiner Beute hermachen?

Nichts geschah. Ich wurde immer nervöser. Während des zermürbenden Wartens sah ich immer wieder nach allen Seiten, blickte hinter mich, sah durch den Bambussitz hinunter auf den Boden – und da sah ich ihn. Der Tiger saß direkt unter mir!

Das riesige Raubtier saß unter meinem Hochsitz, anscheinend friedlich wie ein Hauskätzchen, und sah unverwandt zu mir empor. Ein Gewehr, ein Königreich für ein richtiges Gewehr. Nicht ich hatte ihn, der Menschenfresser hatte mich im Visier. Mit seinem kalten, fast möchte ich sagen, unbeteiligten Blick.

Ich weiß nicht, ob Sie schon einmal auf dem Flughafen in Frankfurt gelandet sind. Auf einer Anflugroute fliegt die Maschine dabei in so geringer Flughöhe über die Autobahn, daß man meint, die Beine anziehen zu müssen. Genauso ging es mir in dieser Situation auf dem Hochsitz. Meine Beine, mein ganzer Körper waren von einer unstillbaren Sehnsucht nach Schwerelosigkeit befallen. Ich hatte nur noch den Wunsch, mich ganz und gar zu einem unbedeutenden Nichts zusammenzuziehen, um sanft und leise in die Baumwipfel zu entschweben.

Dieser unwirkliche Schwebezustand währte einige unendliche Sekunden. Dann drehte der Tiger den Kopf offenbar einem Geräusch zu, das ihn irritierte, meinen tauben Menschenohren aber völlig entgangen war. Übergangslos setzte er sich in Bewegung und glitt, für mich ebenso unhörbar, in den Dschungel.

Ich saß in meinem luftigen Käfig und wagte immer noch kaum zu atmen. Vorsichtig fingerte ich nach meinem Colt. Diese Waffe war zumindest eine Art Notbremse. Ich redete mir ein, daß ich mit einigen gezielten Schüssen einen angreifenden Tiger stoppen könnte; aber im Ernst habe ich nicht daran geglaubt. Immerhin rief der glatte Griff in meiner Hand doch ein gewisses Gefühl der Sicherheit hervor, wenn ich auch zugeben muß, daß es sich mehr um eine psychologische Hilfe handelte. Es ist schon irgendwie seltsam, an welche Dinge man sich in einer Notsituation klammert. Aber Hauptsache, man verliert die Hoffnung nicht.

Es war längst dunkel, als ich den Tiger weit entfernt brüllen hörte. Ich war gezwungen, daran zu denken, daß auch die Leute in der Fabrik, die Bauern und Fischer in ihren Behausungen diesen rollenden Laut vernehmen mußten: Daß sie in Panik gerieten und daß sie ebenso an mich dachten wie ich an sie, ganz einfach deshalb, weil sie in mir auch eine kleine Hoffnung sahen. Mit größter Behutsamkeit machte ich mich auf den Heimweg.

La Chandrapura

Der Tiger, von dem ich nun wußte, daß es eine Tigerin war, hatte mich zumindest zur Kenntnis genommen. So stellte ich mir das jedenfalls vor. Es mußte dem Raubtier doch auffallen, daß ich immer wieder seine Wege kreuzte. Vielleicht war ich von ihm schon als Widersacher registriert worden. Das Duell hatte auf jeden Fall begonnen. Ich wußte, wie sehr ich auf der Hut zu sein hatte.

Mein nächster Schritt war, einen neuen Hochsitz an anderer Stelle zu errichten, diesmal etwas höher über dem Boden. Außerdem besorgte ich mir ein Ferkel, das ich als Köder in Sichtweite anband. Ich lauschte dem Quieken des Ferkels. Wenn die Tigerin in der Nähe war, konnte es nicht lange dauern, bis sie sich für den leckeren Happen interessierte. Aber ich wartete vergeblich.

Nun ja, sagte ich mir am dritten Tag, sie treibt sich also woanders herum. Aber eines Tages erscheint sie vor meiner Narkoseflinte. Und dann werde ich ihr ein Schlafmittel verpassen, daß ihr das Menschentöten für alle Zukunft vergehen wird.

Doch La Chandrapura, wie ich sie inzwischen getauft hatte, überlistete mich ein zweites Mal. Wieder nahm ich wahr, wie der Dschungel nach aufgeregten Alarmrufen verstummte, wieder versank die Tierwelt in devotem Schweigen. Und dann hörte ich sie, ja tatsächlich, ich habe gehört, wie das Tigerweibchen sich auf den Blättern bewegte. Das ist sehr ungewöhnlich, weil Tiger ausgesprochene Leisetreter sind, die sich trotz ihres Gewichtes völlig geräuschlos bewegen. Sie wollte also, daß ich sie hörte – und sie wollte, daß ich sie sah. Wie einen Schemen erkannte ich sie zweimal durch das Bambusgras.

Der Tiger hatte demnach das Ferkel sehr wohl gehört. Aber so lange ich auch den Finger am Abzug hielt, La Chandrapura machte mir nicht die Freude, sich auf die quietschende Delikatesse zu stürzen. Ich konnte es mir nicht anders erklären, als daß sie meine Absicht, sie anzulocken, durchschaut hatte – oder wie auch immer man solche Vorgänge im Gehirn eines Tieres bezeichnen kann. Sie strich zwar sowohl um das Ferkel wie um die Ziege in der Falle, aber sie hütete sich, in die Falle zu gehen. Ich habe immer wieder zur Kenntnis nehmen müssen, daß Menschenfresser nicht nur überaus vorsichtig sind, sondern daß sie das Verhalten ihrer Beute gleichsam studieren, um noch einmal in den menschlichen Jargon zu verfallen.

Nachdem der Tiger um das Minischwein herumgeschlichen war, ohne es zu reißen, gab ich die Lockversuche damit vorerst auf. Offen gestanden verspürte ich eine gewisse Erleichterung, denn das Ferkel war mir mittlerweile so vertraut geworden, daß es mir leid tat. Das Raubtier riß in der nächsten Zeit wieder zwei Kühe, und ich hatte genug damit zu tun, dort neue Ansitze zu errichten und auf eine Gelegenheit zum gezielten Schuß zu warten.

Doch ich stellte immer wieder fest, daß La Chandrapura sehr schlau war. Natürlich bekam sie mit, daß am Ort eines jeden ihrer Risse eine große Geschäftigkeit herrschte. Wenn sie irgendwo im dichten Unterholz lag und diese Umtriebe beobachtete, dann wurde sie sicher zu äußerster Wachsamkeit und Vorsicht angestachelt. Zudem bin ich fest davon überzeugt, daß sie mich auf meinen Hochsitzen ausmachte. Auf jeden Fall mußte ich registrieren, daß sie zu keinem ihrer Risse zurückkehrte, sondern immer weitere Kühe an immer anderen Orten tötete. Im Laufe der Wochen war es eine stattliche Zahl, aber glücklicherweise waren die Menschen verschont geblieben.

Der Grund dafür lag darin, daß die Bewohner äußerste Vorsicht walten ließen. Sie gingen nur in Gruppen ins Feld und vermieden es überhaupt, in den Dschungel hinauszugehen; das Schneiden von Gras wurde gänzlich unterlassen. Dennoch wäre es beinahe zu einem neuerlichen Unglück gekommen, nur ein Zufall verhütete die Katastrophe.

Eine Gruppe von Holzarbeitern saß gegen Abend am Lagerfeuer, nur einer von ihnen hatte sich ein wenig abseits zusammengerollt. Auf diesen hatte es La Chandrapura offenbar abgesehen. Sie schlich sich aus dem Dickicht, als gerade einer der Männer einen größeren Ast in die Flammen warf. Dabei sprühte im Dämmerlicht ein kräftiger Funkenregen auf. Nach Aussagen der Männer muß dieses Ereignis das Raubtier so irritiert haben, daß es den Angriff abbrach und mit einem lauten »Whuff« wieder im Dschungel verschwand. Die Aufregung war groß und seit dem mißglückten Angriff verzogen sich die Einheimischen bis zur Unsichtbarkeit in ihre Hütten. Denn ins Dorf hatte sich die Tigerin noch nicht hineingewagt.

In der Rolle des Köders

Das einzige zweibeinige Wesen, dessen sie noch ohne allzugroße Umstände habhaft werden konnte, war eigentlich ich. Wenn ich hinausging zu meinen Hochsitzen, rechnete ich jederzeit damit, überfallen zu werden. Es erübrigt sich, festzustellen, daß mir die Rolle des Köders ganz und gar nicht behagte.

Zu meinem Glück hatte ich damals schon große Erfahrung mit Tigern, vor allem auch mit Menschenfressern. Ich bin ganz langsam gegangen, habe seitlich genau in die Büsche geschaut, mich zeitweilig ruckartig umgedreht, ob sich hinter meinem Rücken etwas ereignete. Dabei umklammerte ich den entsicherten Colt, als ob er mir ein unentbehrlicher Halt wäre; das Narkosegewehr hatte ich umgehängt. Wenn mich ein Nichteingeweihter beobachtet hätte, wie ich da, gleichsam auf Zehenspitzen, mich ständig windend und drehend dahergeschlichen kam, hätte er mir sicherlich hochgradigen Verfolgungswahn zugebilligt. So war es denn ja auch, nur mit dem Unterschied, daß meine Einbildung nicht unbegründet war.

Meine Aufmerksamkeit ließ während dieser Pirschgänge nicht für einen Augenblick nach. Wie lebensnotwendig das war, zeigte sich eines Tages, als ich mit äußerster Vorsicht einen Wildpfad entlangging. Plötzlich sah ich es, links drüben über dem Bambusgras, vielleicht 15 oder 20 Meter entfernt: das langsame Bewegen eines hochgestellten Tigerschwanzes, ein untrügliches Zeichen für einen geplanten Angriff.

Ich ging im Schneckentempo rückwärts auf einem Baum zu, den ich soeben passiert hatte. Ich lehnte das Gewehr an den Stamm und kletterte zuerst langsam, und als ich den ersten Höhenmeter hinter mir hatte, mit der Behendigkeit eines Eichhörnchens nach oben. Als ich gut vier Meter über dem Boden war, sah ich mich um: Von der Tigerin keine Spur.

Doch ich sollte sie noch zu sehen bekommen. Nicht mehr aus jener unmittelbaren Nähe wie beim ersten Mal, als wir uns Auge in Auge gegenübersaßen. Doch sie ließ sich blicken, aber immer nur in Momentaufnahmen, um in der Sprache der Tierfotografen zu sprechen. Sie zeigte sich einmal zwischen zwei Büschen, ein andermal hinter Bambusstauden, dann wieder huschte sie über den Pfad, den ich entlanggekommen war.

Und sie ließ sich hören. Von links, von rechts, von hinten, von vorne, abwechselnd von allen Seiten, ertönte gelegentlich das Knacken eines Zweiges, das auch ein Tiger manchmal nicht verhindern kann. Ich war so angespannt, daß ich erst nach einer ganzen Weile merkte, wie schweißnaß ich überall am Körper war. Ich war endgültig vom Jäger zum Gejagten geworden.

So gut ich konnte, richtete ich es mir auf einem Ast häuslich ein. Es war gegen 15 Uhr gewesen, als ich heraufgeklettert war. La Chandrapura dachte jedoch gar nicht daran, mich so schnell wieder hinunterzulassen. Stundenlang blieb sie in meiner Nähe. Als es schon dunkel war, gab sie Laut, einmal sogar unmittelbar unter mir. Ich fand mich damit ab, die Nacht im Baum verbringen zu müssen; es war jedoch noch früh im Jahr und ich mußte damit rechnen, daß es kalt werden würde. Ich ließ mich auf einer Astgabel nieder, den Rücken an den Stamm gelehnt und zurrte mich fest, mit einem Seil mit dem ich vorher das Köderferkel angebunden hatte. So gut es ging, machte ich Gymnastik und versuchte vergeblich, an möglichst erfreuliche Dinge zu denken. Zu später Stunde döste ich zeitweilig ein, bis mich die empfindliche Kühle wieder weckte.

Gemeinhin hat man ja etwas anderes im Sinn, wenn man von einer unvergeßlichen Nacht spricht. Was mich am meisten plagte, waren trotz aller anderen Unannehmlichkeiten die Durchblutungsstörungen in den Beinen, hervorgerufen durch das Sitzen auf dem Ast. Immer wieder bemühte ich mich, die Stellung zu wechseln, ich schlenkerte mit den Beinen, »ballte« und streckte die Zehen. Gelegentlich fluchte ich, dann wiederum hielt ich laute Ansprachen, zum Teil an mich selbst, zum Teil an jene Leute, welche die Erhaltung der Tiger zu einer grotesken Masche hatten entarten lassen.

»Da sitzen sie,« höhnte ich in die Dschungelnacht hinein, »da sitzen sie in ihren bequemen Büros und ich hocke auf einem Baum und friere mir den Hintern ab. Ihr weltfremden Wichtigtuer – was bildet ihr euch eigentlich ein? Man kann mit wilden Tieren nicht einfach zusammenleben wie mit Hunden oder mit Kanarienvögeln. Man kann sich nicht mit ihnen an einen Tisch setzen und miteinander Guglhupf essen. Jeden Augenblick muß man damit rechnen, daß sie angreifen – und wer sich ihre Krallen und ihre Gebisse einmal angesehen hat, der weiß, was so eine Attacke bedeutet.

Diese allzuoft gehörten Geschichten, daß es nur liebe, gute, brave Tiger gibt – was ist das für eine komische Verniedlichung der Großkatzen, was für eine unerträgliche Verharmlosung der Raubtiere. Ihr Schwarmgeister, was vermittelt ihr doch für ein schiefes Bild von der freien Natur!«

Also zürnte ich auf meinem Ast. Alles, was sich in mir aufgestaut hatte, brach nun heraus. Zuviel hatte ich schon miterlebt, nur zu gut verstand ich, warum die einfachen Leute auf dem Lande die Beamten als die kleinen Mogulen bezeichneten; die Mogulen waren die islamischen Herrscher, die in Nordindien riesige Reiche aufgebaut hatten. Heute sind es dort geflügelte Worte, daß die kleinen Mogulen wieder Hof gehalten, daß sie ihren Tribut gefordert, daß sie das große Wort geführt haben.

Erregt erinnerte ich mich an die Szene, als der Mann der getöteten Nilima Sangma ins Büro der Forstverwaltung gekommen war, um sich zu erkundigen, ob er wenigstens mit irgendwelchen Ausgleichszahlungen rechnen könne: Er habe fünf kleine Kinder und stecke in großen finanziellen Schwierigkeiten. Und was war die Reaktion? Er wurde vertröstet und weggeschickt, und recht unfreundlich noch dazu.

»Es gibt keine Menschenfresser, wie?« höhnte ich von meinem Baum herunter. »Was glaubt ihr denn eigentlich, was das da unter mir ist? Ein Schoßkätzchen vielleicht? Ganz egal, wie viele Menschen solch eine Bestie – jawohl, ich sage jetzt Bestie! – schon gerissen hat, nach eurer neuen Religionslehre gibt es keine Menschenfresser, weil nicht sein kann, was nicht sein darf. Nein, alles was passierte, waren nichts weiter als unglückliche Zwischenfälle, der liebe Tiger hat sich bedroht gefühlt, vermutlich sind die Leute dem armen Tiger aus lauter Unachtsamkeit auf den Schwanz getreten – mich wundert nur, daß noch keiner von euch auf die Idee gekommen ist, zu behaupten, daß die guten Tiere ja nur aus Notwehr gehandelt haben!

Wen scheren schon ihre Opfer? Wer von den edelmütigen Tierfreunden, die jeden einzelnen Tiger angeblich so tief ins Herz geschlossen haben, hat bisher sein Herz für die Hinterbliebenen entdeckt? Wer kümmert sich schon darum, unter welchem ungeheuren seelischen Druck die Leute am Rande des Dschungels leben, wie sie täglich davor bangen, daß wieder einer von ihnen unter den Pranken eines Raubtieres endet, daß sie das nächste Mal vielleicht selber an der Reihe sind, wenn der Menschenfresser wieder zuschlägt?

Gewiß, die Tiger müssen erhalten werden. Das ist gar keine Frage. Aber es hat nichts mit der Erhaltung ihrer Art zu tun, wenn man die Menschenfresser unter ihnen verschont. Wenn sie weiterhin die Männer vom Pflug weg ins Zuckerrohr hineinschleppen, die Frauen am Rande ihrer Siedlung in Stücke reißen dürfen. Wem ist eigentlich damit gedient, daß solche Raubtiere nicht zum Abschuß freigegeben werden dürfen, außer ein paar Spinnern?«

Es steht außer Frage, daß ich meine Anklagen und Verwünschungen nicht nur an die Tierschutzsekte richtete, sondern indirekt auch an La Chandrapura, die dort unten womöglich immer noch um meinen Baum schlich. Ich bedauerte, daß ich ihr das nicht verständlich machen konnte. Immerhin hatte ich vor wenigen Tagen miterlebt, welche Auswüchse dieser fehlgeleitete Tierschutzgedanke haben kann.

»Verhaften Sie diesen Mann!«

Ich war zwischendurch kurz in das vielleicht 80 Kilometer entfernte Singri gefahren, wo ein anderer Menschenfresser sein Unwesen trieb. Er hatte schon eine größere Zahl von Menschen getötet, und jetzt eben erst ein etwa 16jähriges Mädchen. Es gab so eine Art Tatort-Besichtigung und die Beamten hatten nichts Besseres zu tun, als die Angehörigen des Opfers zu beschwichtigen: »Nein, nein, das war kein Menschenfresser. Ein bedauerlicher Unglücksfall, der Tiger ist sicherlich schon längst wieder über alle Berge.«

Da schrie der Bruder des getöteten Mädchens: »Das habt ihr beim letzten Mal auch gesagt, damals, als der Briefträger geholt wurde. Und zuvor, als die junge Frau beim Wäschewaschen getötet wurde. Immer habt ihr gesagt, es gibt keine Menschenfresser, und jetzt hat meine Schwester dran glauben müssen!«

Daraufhin wandte sich der zuständige Förster an den neben ihm stehenden Polizisten und forderte mit befehlsgewohnter Stimme: »Verhaften Sie diesen Mann auf der Stelle!« Alle Anwesenden sahen verdutzt auf, nur der Polizeibeamte sagte ganz ruhig: »Warum sollte ich ihn verhaften? Vielleicht, weil er die Wahrheit gesagt hat?« Da drehte sich der Förster einfach um und stapfte zornig davon.

Später suchte ich seinen Chef, den Oberförster in seinem Büro auf, um zu erfahren, ob gegen den Tiger etwas unternommen werde. Er antwortete abweisend: »Diese Zwischenfälle gibt es in Assam seit Menschengedenken. Es ist immer passiert und wird immer wieder passieren. Wo kämen wir hin, wenn wir jeden Tiger, der solch einen Unglücksfall verschuldet hat, abschießen oder einfangen würden?«

Ich schwieg eine Weile und sah dabei seine Tochter an, die ihn gerade besuchte, weil sie ihr Studium als Ärztin abgeschlossen hatte. Dann konnte ich mir nicht verkneifen zu fragen: »Was würden Sie hier und heute tun, wenn es Ihre Tochter erwischt hätte? Sind Sie überzeugt, daß Sie dann auch nichts unternehmen würden?«

Er sah mich groß an, aber er sagte nichts. Immerhin hat er mir später auch die Bewilligung erteilt, dem Tiger von Singri nachzustellen.

Während mir in meinem zugigen Nachtquartier all diese Erinnerungen und Gedanken durch den Kopf gingen, reifte in mir ein Entschluß. Er wurde irgendwo im Unterbewußtsein geboren, geisterte immer höhere Bewußtseinsschichten durch und sprang mir dann plötzlich auf die Zunge. Und ich platzte damit heraus: »Ich pfeife auf das Narkosegewehr! Ich denke überhaupt nicht mehr daran, das raffinierte Tier da unten ins Reich der Träume zu schicken, das kommt immer mehr einem Selbstmord gleich – zu Fuß ist so etwas nicht zu verantworten. Aber kriegen werde ich es, das verspreche ich!«

Ich mußte grinsen, als ich mich so laut reden hörte, und war überhaupt mit einem Mal verhältnismäßig guter Dinge. Denn ich hatte einen Einfall, wie ich La Chandrapura wirklich kriegen konnte: Ich hatte die Absicht, noch ein wenig schlauer zu sein als sie. Doch zunächst einmal mußte ich die Forstbeamten überzeugen.

Als es richtig hell geworden war, hatte ich rund 16 Stunden auf dem Baum verbracht. Ich war wie gerädert und völlig steifgefroren. Nachdem ich die Gegend vorsichtig mit meinen Blikken abgesucht hatte, hangelte ich mich mühsam auf den Erdboden herunter. Von Baum zu Baum gehend und sorgsam auf meine Umgebung achtend, machte ich mich auf den Heimweg. Es geschah nichts weiter und ich warf mich auf mein Lager, um wenigstens ein paar Stunden Schlaf nachzuholen.

Noch am gleichen Nachmittag sprach ich mit den Forstbeamten. Ich erklärte ihnen, daß ich jetzt die Stelle entdeckt hätte, an der ich die Tigerin mit Sicherheit ins Visier bekommen würde. Aber ich müsse Verstärkung anfordern: Denn auch, wenn das Raubtier getroffen würde und die volle Narkoseladung abbekommen hätte, könnte es noch etwa hundert Meter laufen. Wir müßten ihm also nachgehen und es im Dschungel suchen, um es mit dem Netz einfangen zu können. Ob sie mir nicht dabei helfen wollten?

Der Jungförster, der mir daraufhin zugeteilt wurde, war nicht sehr begeistert, das merkte ich sofort – und nach den ersten gemeinsamen Ansitzen, bei denen er an chronischem Hustenreiz litt, zog ich es vor, wieder allein die Nachtwache zu halten. Mehr jedoch erhoffte ich mir allmählich von der Falle, verbunden mit einem neuen Plan, von dem ich leider nicht sicher war, daß ich ihn verwirklichen konnte.

»Dazu brauche ich eine junge Kuh, also ein Kalb als Köder« hatte ich unvermittelt im Büro der Forstverwaltung gesagt.

Die Proteste, die ich erwartet hatte; (in Indien hat die Kuh ja eine ganz besondere Stellung, um das Wort »heilig« nicht zu gebrauchen), blieben aus.

Die Tigerin hatte ja mittlerweile sieben oder acht Kühe gerissen. Sie hatte keine einzige aufgefressen, sondern immer wieder neu zugeschlagen. »Sie wird noch weitere sieben oder acht oder mehr Kühe reißen, wenn wir ihr in der Falle nicht einen solchen Köder anbieten.« Das leuchtete allen ein.

Ich ließ die Falle jetzt an einer Stelle aufbauen, von der ich wußte, daß der Menschenfresser dort immer wieder vorbeiwechselte und band das Kalb anstelle der Ziege darin fest. Wenn er schon keinen Appetit auf eine Geiß hatte, würde er das Rind auf jeden Fall annehmen. Doch ich hatte mich wieder getäuscht.

Der Trick

Am nächsten Morgen konnte ich an den frischen Spuren erkennen, daß sich die Tigerin tatsächlich auf zwei, drei Meter der Falle genähert hatte. Aber sie war nicht hineingesprungen, und so ging das Nacht für Nacht. Das Raubtier war viel zu vorsichtig; das vergitterte Ungetüm, in dem sich das Kalb aufhielt, war ihm offenbar nicht ganz geheuer. Wie konnte ich ihm die Scheu vor dieser Barriere nehmen? Wie konnte ich La Chandrapura in Sicherheit wiegen? Wie konnte ich das schlaue Tier dazu bringen, in die Falle zu gehen?

Auf den Trick, mit dem ich La Chandrapura schließlich fing, kam ich bei der Morgentoilette. Am nächsten Tag saß sie in der Falle. Wieder einmal hatte sich bestätigt, daß man mit ein bißchen Grips mehr erreicht, als mit hochkarätigem Heldentum.

Ich hatte an besagtem Morgen einen Fuß in das Wasser des Brahmaputra gehalten, um zu prüfen, ob es zu kalt sei. Danach ging ich beruhigt tiefer hinein. Als mir das Wasser bis zum Nabel reichte, blieb ich plötzlich wie angewurzelt stehen. Wie war das soeben gewesen? Als ich gemerkt hatte, daß die Temperatur angenehm war, hatte ich meine Scheu vor dem nassen Element verloren. Warum sollte ich nicht auch der Tigerin durch einen gelungenen ersten Schritt die Scheu vor dem zweiten nehmen?

Ich besorgte mir ein zweites Kalb und band es am Abend *au-*

ßerhalb der Falle an, während das andere hinter den Gitterstäben an seinem Futter kaute. Prompt riß die Tigerin das draußen angebundene Kalb und als sie merkte, daß nichts weiter passierte, konnte sie der Versuchung nicht widerstehen, sich auch an das Kalb in der Falle heranzumachen: Sie löste den Mechanismus aus, und das schwere Eisengitter am Eingang krachte herunter. Das Duell war zu meinen Gunsten entschieden. Als ich mich am nächsten Morgen der Falle näherte, tobte die Tigerin. Es hatte fast den Anschein, daß La Chandrapura mich erkannte und daß sie wußte, daß ich es war, der sie in so eine mißliche Lage gebracht hatte. Sie raste gegen das Gitter und stieß jenes kurze, hustenartige Fauchen aus, das ein Tiger beim Angriff ertönen läßt. Als ich fast auf einen Meter heran war, zuckte die Pranke mit den ausgefahrenen Krallen zwischen den Stäben heraus, um mich heranzuholen. Ich fuhr zurück und hütete mich fortan, in Reichweite des wütenden Raubtieres zu kommen. Das Kalb hatte sie in lauter Stücke zerfetzt und ich hatte nicht im Sinn, sein Schicksal zu teilen.

Ich war sehr erleichtert, aber ich spürte kein Gefühl des Triumphes. Wir hatten es aufeinander abgesehen gehabt, und ich hatte diese Auseinandersetzung zu einem Zweikampf hochstilisiert. Die Waffen waren ungleich verteilt gewesen, und unsere Ziele letzten Endes auch: Der Unterschied lag darin, daß sie mich nicht hinter Schloß und Riegel bringen, und ich sie nicht verspeisen wollte.

Es gab aber noch einen anderen Unterschied. Ich hatte mich ihr in der Absicht genähert, ihr die Freiheit zu rauben. Dem Tiger aber konnte man keine solche böse Absicht unterstellen. Tiere töten nicht aus Haß, sie hegen auch keine Rachegedanken, wenn sie hinter Menschen her sind, für sie ist die Jagd eine Lebensnotwendigkeit.

Es gelang uns, die tobende Tigerin mit kalten Wassergüssen einigermaßen zu beruhigen. Zu unserem Erstaunen mußten wir feststellen, daß sie völlig unverletzt war. Ich konnte nur vermuten, daß sie angelernt, also zur Menschenfresserin erzogen worden war. Wenn ich an Abutschmar dachte, mußte ich den

Schluß ziehen, daß auch dieses Tier noch viel Unheil angerichtet hätte.

Auf jeden Fall hatte ich auf dieser Jagd eine Menge gelernt. Als ich anschließend nach Singri weiterfuhr, hütete ich mich, die Fehler zu wiederholen, die ich in Chandrapur begangen hatte. Es ließ sich gar nicht mehr rekonstruieren, wie viele Menschen dort schon von einem Menschenfresser gerissen worden waren. Alle paar Wochen war einer umgekommen, zuletzt das Mädchen auf der Teeplantage.

Wie am Fuße eines Vulkans

Ich kenne Teeplantagen: Hektar um Hektar voller Teebüsche, tausende und abertausende Möglichkeiten für einen Tiger, auf der Lauer zu liegen. Zu allem Überdruß gab es dort keine großen Bäume, nur kleine dünnstämmige Gewächse, auf denen ich keinen Hochsitz errichten konnte. Es blieben also nur zwei Möglichkeiten zur Jagd: Entweder hielt ich mich auf dem Boden auf und verkroch mich unter großen Reiskörben, oder ich jagte auf einem Elefanten. Zu Pirschgängen wie in Chandrapur war ich unter keinen Umständen bereit.

So wird es niemanden überraschen, daß ich wieder auf die Falle setzte. Zwar saß ich jeden Tag mit dem Narkosegewehr an, aber ich hoffte sehr, daß der Tiger von Singri nicht so gerissen war wie der Menschenfresser von Chandrapur, und bald hinter Gittern sitzen würde.

Was mich beeindruckte, war die ganz andere Atmosphäre, die hier herrschte. Die Leute waren viel fatalistischer, sie gingen weiterhin ihrer Arbeit nach. Hunderte von Pflückerinnen bewegten sich durch die Sträucher, zwischen denen schon einige ihrer Kolleginnen gerissen worden waren. Ich fragte mehrere, ob sie keine Angst hätten, und sie sagten wenn es sie träfe, dann wäre es eben Schicksal.

Drei Gründe waren ausschlaggebend für diese Haltung. Zunächst einmal waren die Frauen immer in Gruppen unterwegs, was ihre Chancen sehr verbesserte; Tiger halten sich lieber an Einzelpersonen. Dann war ein gewisser Gewöhnungseffekt eingetreten, weil der Tiger nur in größeren Abständen zuschlug. Wenn er fast täglich gekommen wäre, wie das in Abutschmar mancherorts der Fall gewesen war, dann hätten sie fluchtartig ihr Dorf verlassen. So aber lebten sie mit der Gefahr, wie Menschen am Fuße eines Vulkans, die ja auch ständig damit rechnen müssen, daß er ausbricht, daß sie vielleicht aber auch ihr Leben lang damit verschont bleiben können.

Und der dritte Grund für den Fatalismus dieser Frauen waren die Giftschlangen. Die Teebüsche stehen so eng beisammen, daß man, wenn man zum Teepflücken zwischen ihnen steht, nicht auf den Boden sehen kann. Gelegentlich liegen darunter Kettenvipern, Kobras oder auch die kleinen Sidewinder, und es kann geschehen, daß man auf sie tritt. Und weil auch dadurch immer wieder Menschen zu Tode gekommen sind, die Teebüsche aber trotzdem abgepflückt werden müssen, haben die Leute dort eine gewisse Unbekümmertheit entwickelt. Trotz Vipern und Tigern marschieren sie täglich mit ihren Körben in die Büsche hinein, und wenn einer bei uns einen Schwarztee trinkt, käme es ihm nie in den Sinn, welche Tragödien bisweilen mit seiner Gewinnung verbunden sind.

Ich hatte Ratna Mala engagiert und ritt mit ihr in mondhellen Nächten hinaus, um den Menschenfresser zu stellen. Auf dem Rücken des Elefanten hatte ich überraschenderweise ein gutes Gefühl. Ich konnte so weit sehen, daß ich den Narkoseschuß aus verhältnismäßig sicherer Entfernung hätte anbringen können. Auf dem Boden war die Situation um so ungünstiger, weil der Tiger sich im Schutze der Büsche anschleichen konnte, ohne sich ducken zu müssen.

Aber weder in meinen Ansitzen noch auf dem Rücken Ratna Malas bekam ich das Raubtier je zu Gesicht. Ich hoffte, wie gesagt, daß es nicht ähnlich schlau und gewitzt war wie die Tigerin von Chandrapur. Aber das war offensichtlich nicht der Fall: Es fiel schon bald auf meinen Ködertrick herein und das Eisengitter krachte hinter ihm zu.

Ich habe nie vorher wegen eines Tigers eine so große Menschenmenge zusammenströmen sehen. Sie kamen zu Hunderten, um den Menschenfresser zu sehen, der sie über Monate hinweg terrorisiert hatte. Es handelte sich wiederum um eine Tigerin, die zu meiner großen Überraschung sämtliche vier Fangzähne verloren hatte. Wie, das war mir unerklärlich, ich konnte nur feststellen, daß keine Schußverletzung daran schuld war. Auf jeden Fall mußte es für die Raubkatze sehr schwierig gewesen sein, die schnellen, großen Tiere im Dschungel zu reißen. Deshalb hatte sie sich eben an die Teepflückerinnen herangemacht, mit denen sie keine Schwierigkeiten hatte.

Die Tigerin von Singri wurde mit großem Hallo in den Zoo von Gauhati gebracht, wo wir zuvor schon die Tigerin von Chandrapur abgeliefert hatten. Die beiden Menschenfresser hatten großen Zulauf. Die erschütterndste Szene aber habe ich erlebt, als der Mann der getöteten Nilima Sangma mit seinen fünf Kindern vor dem Käfig von La Chandrapura stand. Sie redeten kein Wort, und die fünf Kleinen starrten mit weitaufgerissenen Augen auf das Raubtier, das ihre Mutter getötet hatte.

Ich fragte den Vater, ob er Haß auf den Tiger verspüre. Seine traurig blickenden Augen sahen mich lange an, dann schüttelte er bedächtig den Kopf: »Nein, ich bin ihr nicht böse. Sie kann ja auch nichts dafür . . .«

Die Menschen in Assam und ihre Einstellung zu der Welt, in der sie leben, ihre Leidensbereitschaft und ihre Großherzigkeit, das ist für mich der bleibende Eindruck aus jenen Tagen. Wenn ich sonst daran zurückdenke, bin ich mir bewußt, daß meine Pirschgänge mit dem Narkosegewehr in Chandrapur ein Unternehmen waren, das ich besser unterlassen hätte. Somit bin ich wenigstens zu einer Einsicht gelangt, die ich andernfalls nicht gewonnen hätte. Allmählich bin ich ja erwachsen und alt genug, um dem Bruder Leichtsinn in mir, der sich nach dem Nervenkitzel sehnt, nicht länger die Zügel schießen zu lassen.

Bleibt mir nur noch übrig, abschließend anzumerken, daß Menschenfresser heute wieder fast überall in Indien zum Abschuß freigegeben werden. Ein Jäger hat mittlerweile sogar

Anzeige gegen Forst- und Bezirksbeamte erstattet, die den Abschuß von Menschenfressern vereitelt hatten. So dürfte die lange Nacht auf einem Dschungelbaum doch weitgehend mein Monopol bleiben.

Heute will mir meine desolate Verfassung von damals eher als ein Zustand komischer Verzweiflung erscheinen. Wenn ich auch meine Vorwürfe gegen gewisse Sektierer voll und ganz aufrecht erhalte, möchte ich doch der schlauen Tigerin Abbitte leisten, daß ich sie als mordlüsterne Bestie beschimpft habe. Schließlich freue ich mich ja auch schon auf den nächsten saftigen Braten, ohne daß deswegen jemand für mich handfeste Verbalinjurien bereithält . . .